インド洋　日本の気候を支配する謎の大海

蒲生俊敬　著

JN019127

ブルーバックス

カバー装幀／芦澤泰偉・児崎雅淑
カバーイラスト／大高郁子
もくじ写真／ iStockphoto.com/ViewApart
章扉写真／ iStockphoto.com/FrankRamspott
コラム写真／ iStockphoto.com/BalateDorin
本文デザイン・図版制作／鈴木知哉＋あざみ野図案室

プロローグ

ここ数年、インド洋に生じる特異な海洋変動である「ダイポールモード現象」という言葉を、新聞や雑誌等でひんぱんに見かけるようになりました。みなさんも目にしたことがあるのではないでしょうか。

ダイポールモード現象とは——？

ひと言でいえば、インド洋の熱帯海域において、正反対の気候状態が同時に、東西に横並びになることです。東側は低温で晴天続きである一方、西側では高温で豪雨に見舞われる、といった具合です。

この奇妙な現象は１９９９年、気候学者・山形俊男博士（東京大学大学院理学系研究科教授・地球フロンティア研究システム気候変動予測研究領域長）の研究グループによって発見されました。「ダイポールモード」という名称の名付け親も山形博士で、ダイポール（dipole）とは「二つの極」という意味です。

それにしてもなぜ、日本から遠く離れたインド洋で生じる現象が、たびたび話題になるのでしょう。それは、ダイポールモード現象が、ほかならぬ日本の気候と強い関わりをもつからです。第3章で詳しくお話ししますが、たとえば2019年に出現した強烈なインド洋ダイポールモード現象は、日本列島に夏の猛暑と、それに続く異常な暖冬をもたらした主因であると指摘されています。

もちろん、ダイポールモード現象の影響をまず最初に強く受けるのは、アフリカ諸国やインド、オーストラリア……等々の、インド洋に接する国々です。しかし、ダイポールモード現象の影響が及ぶ範囲はそれだけにとどまらず、遠くヨーロッパの国々や、先に述べたように日本列島にまで達しています。

すなわち、ダイポールモード現象は、その発生源であるインド洋のみにとどまることなく、「広く世界的なスケールで気候を支配している」ことがわかってきたのです。

インド洋と日本のように、はるか遠く離れた地域をつないで気候現象が伝わることを「テレコネクション」とよびます。じつは、インド洋はこのテレコネクションを通じて、日本列島の気候をコントロールする「陰の大物」だったのです。

そうとわかると、インド洋という、ふだんあまり気にとめることのない海のことを俄然《がぜん》、詳しく知ってみたくなりますね。

インド洋とはそもそも、どのような海なのでしょうか。

さまざまな角度からインド洋に光を当ててみたところ、そこに見えてきたのは、多彩きわまるインド洋の謎や驚異でした。

○強い季節風（モンスーン）のために夏と冬とで流れる向きが完全に逆転する海流、
○南極海からやってくる深海水の複雑怪奇な動き、
○大陸移動のせめぎ合いと海底から湧き出る高温の熱水、
○インド洋にのみ生息するふしぎな生物たち、
○プレートの沈み込みにともなう超弩級《どきゅう》の火山噴火や巨大地震、
○そしてもちろん、ダイポールモード現象……。

枚挙にいとまのない、これらダイナミックな地球の姿や営みが、インド洋にはところ狭しと詰め込まれていたのです。

「陰の大物」どころではありません。インド洋を抜きにして地球は語れない、と言い直さなければいけないでしょう。

本書は、そのようなグローバルな観点から、一冊まるごと、インド洋という大海の魅力に迫り、この海ならではの自然現象の数々を、できるだけ平易に紹介するものです。その際、平板な記述が続くだけでは百科事典のようで面白くありませんから、臨場感を盛り込み、メリハリをつけるよう試みました。高校生から一般の方々まで、幅広く楽しんでいただければたいへん嬉《うれ》しく思います。

そして本書では、インド洋と人間社会との関わりについても、少しですが視野を広げました。人類の誕生以降、この大洋は、人類の英知が試される、いわば試練の海でした。数え切れない多数の人々がインド洋と接触し、航海技術や漁業の発展のために苦闘を重ね、その結果として、インド洋からさまざまな恩恵を受けてきたことは想像にかたくありません。

ことに、インド洋が過去2000年以上の長きにわたって、東洋と西洋との交易・交流の場（海のシルクロード）を育み、発展させ、国際社会の構築に限りない役割を果たしてきた歴史の重みには、まさに圧倒される思いがします。

さらに未来へと目を向けてみれば、今世紀末頃には、アフリカとアジアとを合わせた人口は世界人口の8割を超え、90億人にも達するといわれます（国際連合の予測による）。急膨張するこのアフリカとアジア（合わせて「アフラシア」とよぶことがあります）に接し、かつアフラシアと他の世界とを強く結びつける海こそが、インド洋なのです。その重要性は、推して知るべしでしょう。

私事になりますが、ぼく自身も、インド洋とは浅からぬ縁があります。1976年から2010年にかけて、インド洋で計8回の研究・調査航海に参加し、のべ約3000日間をインド洋の風に吹かれて過ごしました。さまざまな思い出があり、親しみや愛着の念を強く抱いている海の一つです。インド洋は、じつにふしぎな魅力をたたえた海なのです。

これまでに上梓《じょうし》した、『日本海　その深層で起こっていること』『太平洋　その深層で起こっていること』（いずれも講談社ブルーバックス）に続く3作めとして今回、インド洋をその主人公に選んだのには、この海の知られざる魅力の一端を、ぜひともたくさんの方々に知っていただきたいという強い思いがあるためです。

さあ、前口上はこれくらいにして、インド洋をめぐる旅に早速、出かけることとしましょう。

もくじ

第5章 インド洋を彩るふしぎな生きものたち
——磁石に吸いつく巻き貝からシーラカンスまで 157

第6章 「海のシルクロード」を科学する
——その直下にひそむ謎の海底火山とは？ 191

第1章 インド洋とはどのような海か

——二つの巨眼と一本槍をもつ特異なその「かたち」

航海の幕を上げるこの章では、インド洋という海の「かたち」――大きさ、深さ、海底の凹凸、海水の動きといった、この海について知っておくと便利な基礎知識をまとめてみよう。太平洋や大西洋に比べ、インド洋は一般に馴染《なじ》みの薄い海かもしれない。一方、それだけに、インド洋には、アラビアンナイトから連想されるようなエキゾチックな魅力があり、なにかふしぎなことがたくさん隠れているのでは？……と、好奇心をくすぐられる面もある。まさにそのとおり、インド洋は、知れば知るほど面白い海なのだ！ 少しずつ、インド洋の大海原へと漕《こ》ぎ出してみることとしよう。

1-1 どこからどこまでがインド洋？

インド洋と聞くと、みなさんはどんな地理、あるいはどんな海域や風景を、思い浮かべるでしょうか？

図1-1に、インド洋を中心とする世界地図を示しました。どこからどこまでがインド洋なのかについては、国際水路機関（ＩＨＯ：International Hydrographic Organization）によって、明確に定義されています。国際水路機関とは、海図や水路測量に関わる科学的活動を統括する組織で、モナコに本部があります。

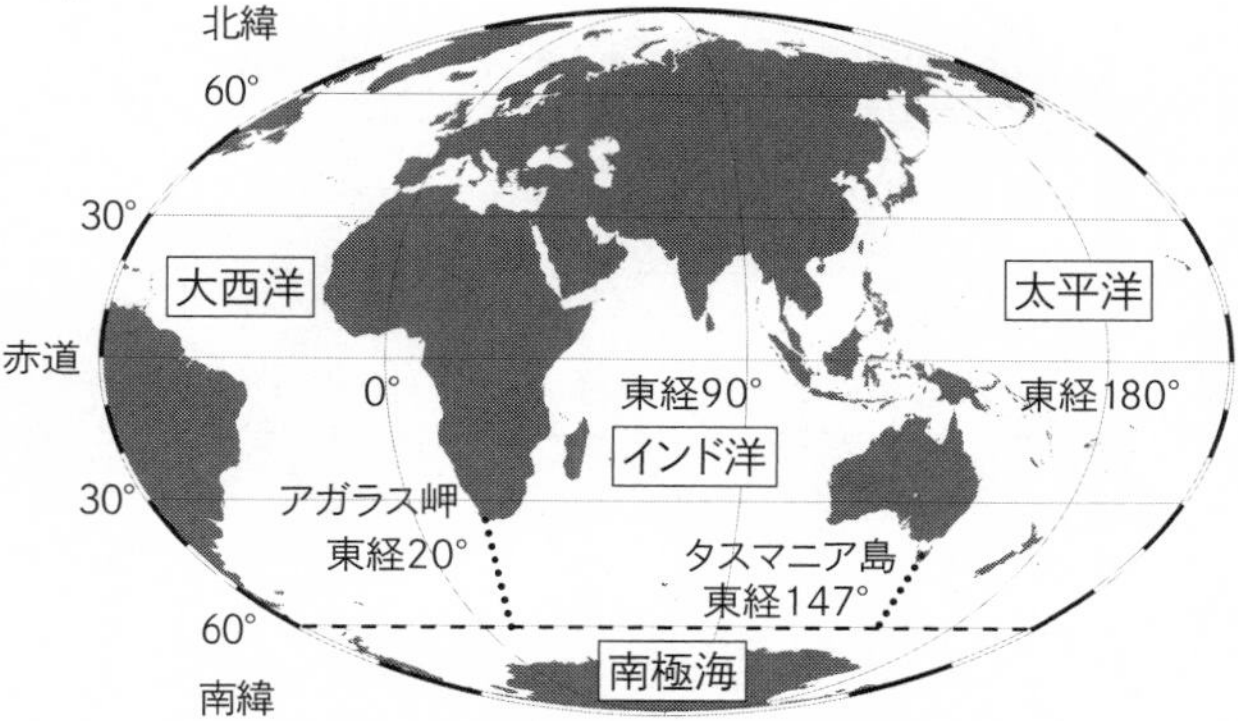

図1-1：インド洋を中心とする世界地図　点線と破線（南緯60度線）はインド洋と他の大洋との境界線を示す

インド洋は、その南側を除いて、ほぼ途切れなく陸地によって囲まれています。その海岸線が、おおむねインド洋の外周と思って間違いありません。

アフリカ大陸の最南端（アガラス岬）から始めて、時計回りに海岸線をたどってみましょう。アフリカの東海岸、アラビア半島、インド、マレー半島北部、インドネシアを経て、オーストラリア大陸の北側→西側→南側へと続きます（インドネシアからオーストラリアにかけては、島づたいに境界線が定められており、タニンバル諸島最南端からニューギニア島南部を経て、オーストラリアのヨーク岬半島北端にいたります）。

アフリカ大陸の南側は、大西洋と海でつながっているので、境界線が必要です。その境界線とは、アガラス岬の位置する東経20度線を、まっすぐ南へ延ばしたラインです（図1－1に点線で示しました）。

	面積 ($10^6 km^2$)	体積 ($10^6 km^3$)	平均深度 (m)	最大深度 (m)
インド洋	74.118	284.608	3840	7192
太平洋	181.344	714.410	3940	10920
大西洋	94.314	337.210	3575	8376
全海洋	362.033	1349.929	3729	10920

表1-1：三大洋の基礎データ　『理科年表2020』に準拠するが、インド洋と大西洋の最大深度については、ヴィクター・ヴェスコーヴォ（コラム4参照）による2019年の測定値を採用した

また、オーストラリア大陸の南側の海は、太平洋とつながっているので、ここにも境界線があります。オーストラリアのタスマニア島の南西海岸から、東経147度線をまっすぐ南へ延ばしたラインです（図1－1参照）。

インド洋の南側はどうでしょうか。

南緯60度線（図1－1の破線）がインド洋の南限です。その南側に南極海と南極大陸があります。インド洋と聞くと、なんとなく「熱帯の海」のイメージが強いですが、南極大陸にほど近い極寒の海もまた、インド洋の一部をなしています。

インド洋・太平洋・大西洋を合わせて、「三大洋」とよぶことがあります。インド洋の境界がわかったところで、インド洋と他の大洋とを比較してみましょう。

表1－1は、三大洋の面積や体積などをまとめたものです。面積・体積とも、太平洋が圧倒的に大きく、インド洋は、大西洋に次いで3番めの大きさです。一方、平均深度では、インド洋は太平洋に次いで2番めで、けっこう深い海であることがわかります。イン

ド洋の深海底の地形はなんとも複雑で面白いので、次の節で詳しく見ることにしましょう。

インド洋の大きな特徴といえば、三大洋のなかで唯一、北極海とのつながりがないことです。巨大なユーラシア大陸が、北側を完全にふさいでいるからです。

図1－2を見て、地球の緯度ごとに大陸および海（三大洋）がどのくらいの面積を占めているか、比べてみてください。インド洋の関わる緯度帯が、太平洋や大西洋に比べて、圧倒的に南半球に偏っていることがわかります。

インド洋の北方に巨大なユーラシア大陸が存在することが、後で述べるように、インド洋に特有のモンスーン（季節風）現象とつながっています。

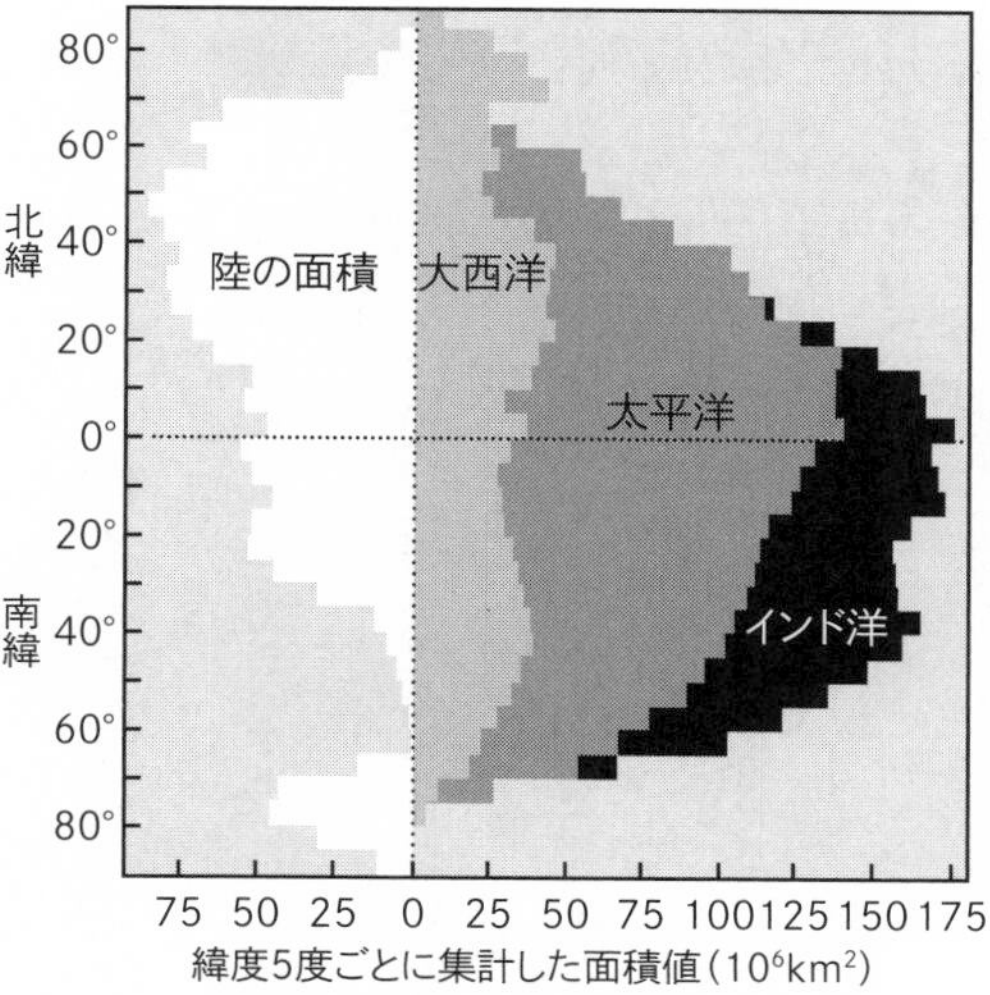

図1-2：地球上の陸地と三大洋が、緯度ごとに占める面積の分布（Lutgens & Tarbuck（1995）より）

1-2 インド洋独特の海底地形——基本骨格は逆Y字の中央海嶺

続いて、インド洋の海底面に目を向けてみましょう。

太平洋や大西洋より面積が小さいわりには、インド洋の海底地形は、たいへん込み入った複雑な様相を呈しています（図1-3）。地球の歴史のなかで、インド洋が現在のかたちになったのは、次節でお話しするように最近の1億〜2億年のあいだに起こった劇的な大陸移動の結果なのですが、その歴史の跡が、深海底の凹凸一つひとつに刻み込まれているといえるでしょう。

図1-3から、インド洋の深海底には、いくつかの細長い大規模な海底山脈のあることがわかります。特に、「インド洋の基本骨格」とよぶべきものが、インド洋を逆Y字形に3分割している三つの中央海嶺《かいれい》です。それぞれ、中央インド洋海嶺、南西インド洋海嶺、および南東インド洋海嶺という名前がついています。

中央海嶺とは、海底に連なる火山山脈のことです。深さ2000〜3000メートルくらいにあり、その山頂からは、マントルに由来するマグマ（溶岩）が噴き出して固結し、新しい海底面（堅い板のイメージから「プレート」とよびます）がつくられます。そして、つくられたプレートは、中央海嶺の左右へと拡大していきます（そのため、中央海嶺を「拡大軸」とよぶこともあ

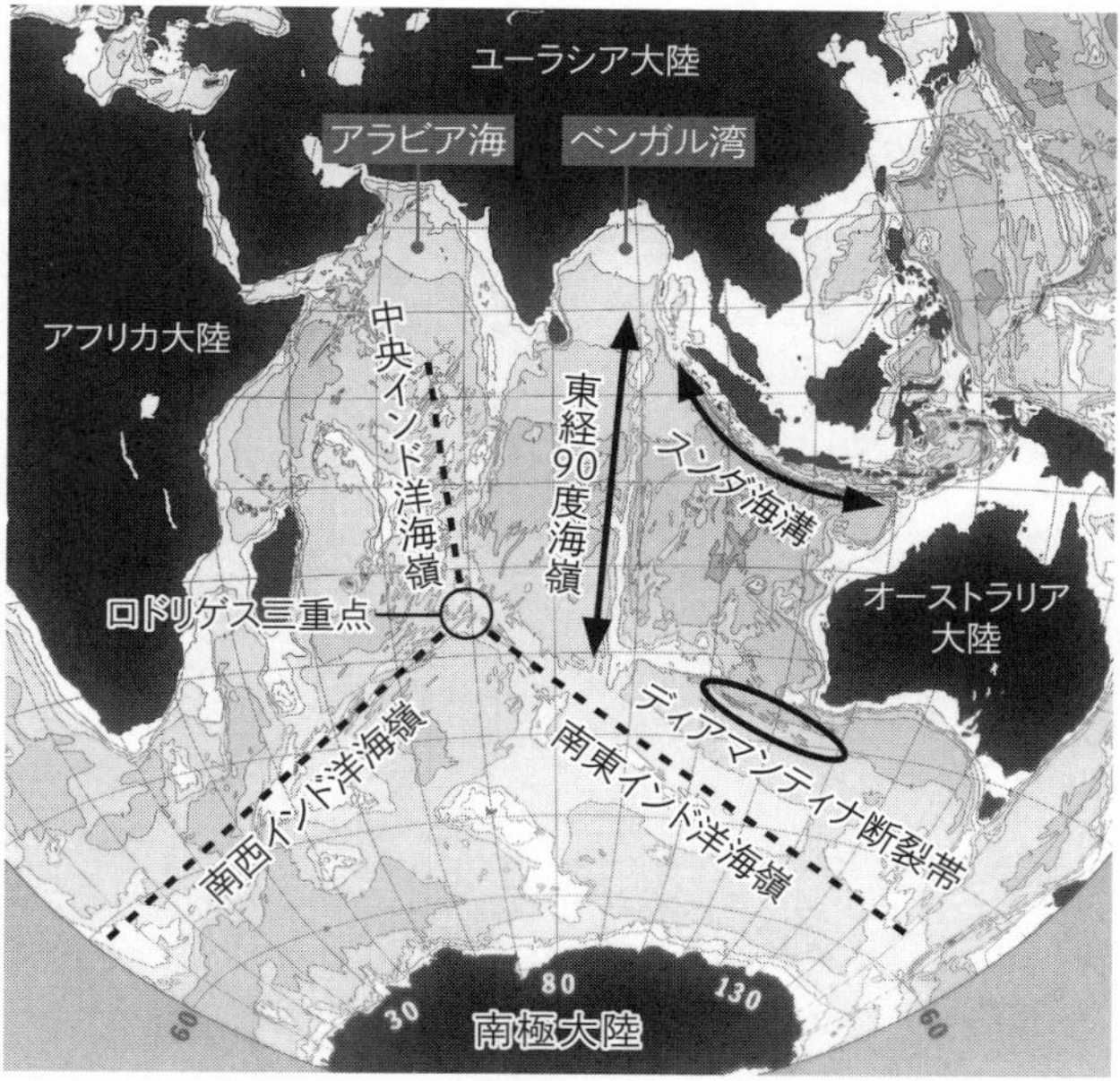

図1-3：インド洋の海底地形と、主要な地形の名称

ります）。

地球科学におけるこのような考え方は「プレートテクトニクス」とよばれますが、海底の火山活動とプレートの動きによって大陸が移動し、インド洋の形状を少しずつ変えてきました。

インド洋の深海底は、三つの中央海嶺を境にして、主たる3枚のプレートに区分されます。図1－4に示したように、その3枚とは、アフリカプレート、南極プレート、およびオーストラリアプレートです。

インド半島の一帯は、インドプレートとよばれます。かつ

図1-4：インド洋を中心とするプレート分布　矢印はプレートの動く方向を示す(https://home.hiroshima-u.ac.jp/nakakuki/plate_mantle/pm1.htmlの図を改変)

て、インドプレートとオーストラリアプレートは別々に動いていました。しかし現在では、これら二つのプレートはほぼ一体となって動いています。そこで、両者を合わせて「インド・オーストラリアプレート」とよぶこともあります。

インド洋の周辺には、その他にもアラビア半島をそっくり内包するアラビアプレートがあり、さらに北方には、巨大なユーラシアプレートが広がっています。以上の6枚のプレートが、インド洋で拡大したりぶつかったりした結果、大陸の配置が少しずつ変わっていき、現在にいたっているというわけです。

ところで、図1-3をもう一度ご覧ください。インド洋の中央やや東に、「東経90度海嶺」というふしぎな名前のついた海底山脈がありますね。その名の示すとおり、この山脈は東経90度線とほとんど重なり、定規で線を引いたようにまっすぐです。まるでベンガル湾に向かって突き出された、鋭い槍《やり》のように見えます。

この海嶺は、先に述べた三つの中央海嶺とは違って、拡大軸ではありません。ではいったいなんなのでしょう？　気になりますが、その種明かしは、もう少し待ってください。

まずはインド洋で過去に起こったプレートの移動と、その結果どのように現在のインド洋が形成されてきたのかを見ていきましょう。その後でふたたび、このふしぎな一本槍——東経90度海嶺に視線を戻し、その形成にいたる経緯について考えてみようと思います。

1-3　インド洋の誕生前夜

インド洋の歴史を遡《さかのぼ》っていくと、地球上にかつて存在した巨大な大陸が、バラバラに分裂して現在にいたる一部始終が見えてきます。ダイナミックな地球の演じてきた、じつに興味深いドラマです。

前節で、中央海嶺という海底の裂け目でつくられた新しい海底（プレート）が、拡大軸の両側に拡がっていくという、プレートテクトニクスの基本概念をお話ししました。大陸がいくつかの陸地に分裂し、移動していくのは、この拡大する海底の上に陸地が乗っているからです。動く歩道の上に乗っている状態を想像してください。プレートが、動く歩道です。その上に乗った陸地が、プレートと一緒に動いていくわけです。

図1-5は、過去2億5000万年にわたって、当初は一つにまとまっていた世界の陸地が、プレート運動によってどう分裂し、かたちを変えてきたか、おおまかに復元したものです。

いまから2億5000万年前頃（図1-5a）は、古生代二畳紀（別名ペルム紀）という時代で、地球上には「パンゲア」とよばれる一つの巨大な大陸しかありませんでした。陸上には、裸子植物が繁茂し、海から陸への上陸に成功した両生類や、まだ原始的な爬虫《はちゅう》類などが生息していた頃のことです。

インド洋はまだ、生まれていません。海といえば、広大なパンサラッサ海（あるいは古太平洋）一つだけです。なお、図1-5aのほぼ中央、西向きにくさびを打ち込んだような形状の海を、特に「テーチス海」と区別してよぶことがあります。

中生代三畳紀になると（図1-5b）、地球深部からマグマが上昇し、パンゲアが割れはじめます。あちこちに入った亀裂がしだいに拡がっていきました。亀裂はやがて拡大軸（中央海嶺）となり、大陸が分裂して離ればなれになっていきます。

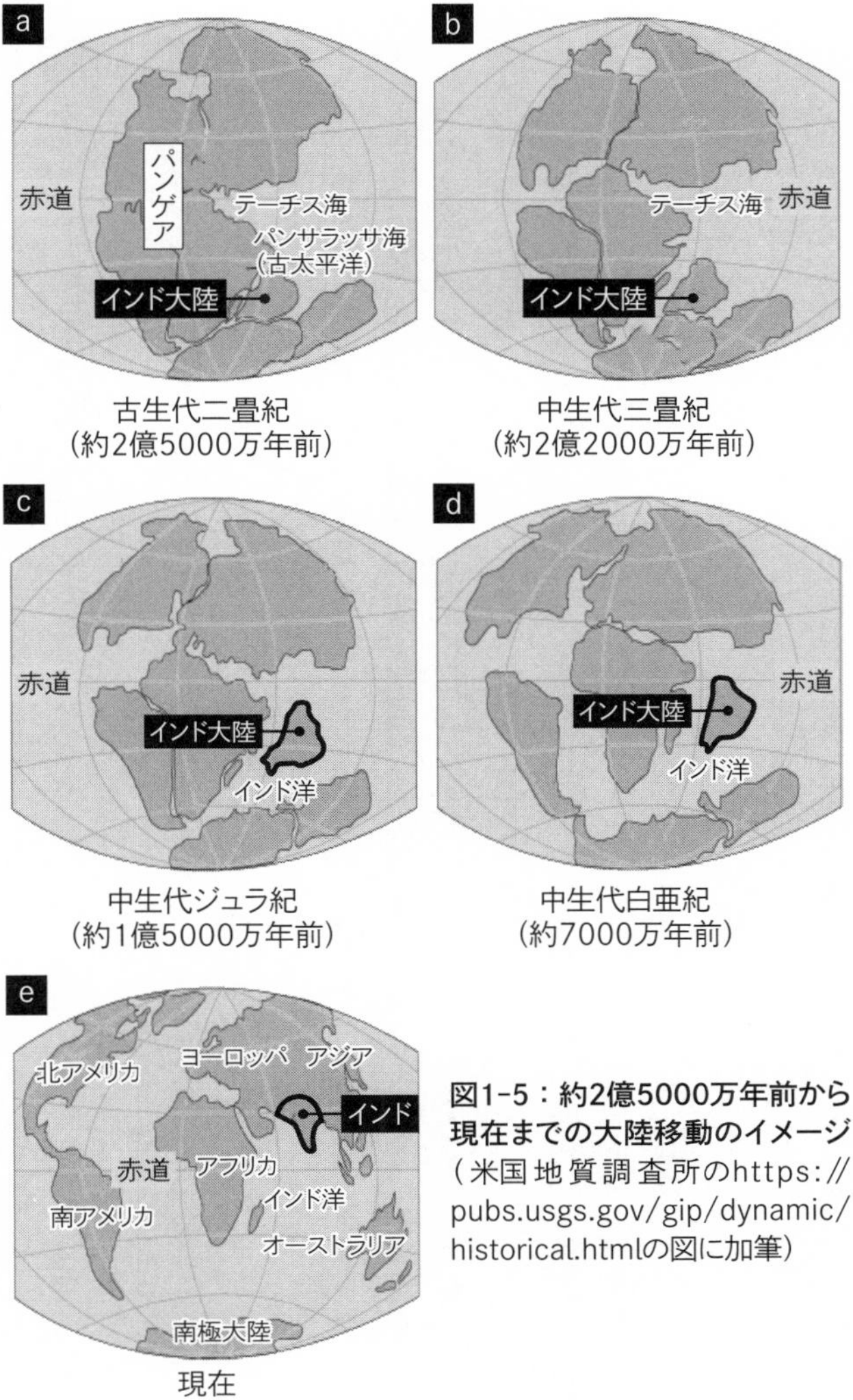

図1-5：約2億5000万年前から現在までの大陸移動のイメージ
（米国地質調査所のhttps://pubs.usgs.gov/gip/dynamic/historical.htmlの図に加筆）

1-4 インド洋の誕生

中生代もジュラ紀（図1－5c）から白亜紀（図1－5d）へと時代が下るにつれて、陸地の形状は現在のものに近づいていきます。その過程で、とりわけ目を奪われるのが、インド大陸（「インド亜大陸」とよぶこともある）の動きです。

パンゲアの一部だった頃（図1－5a）のインド大陸は、現在の南極大陸・アフリカ大陸・オーストラリア大陸と隣接し、現在の位置とはまるでかけ離れた南半球にありました。それが、パンゲアの分裂とともに、じわじわと北上を開始します。同時に、南極大陸・アフリカ大陸・オーストラリア大陸も、互いに別々の方向へと離散していきます。

インド洋誕生の時がきました。じつは、「インド洋」という呼称が、どの時代から地図上に記載されるべきか、明確には決まっていないようなのですが、本書では、これらの四つの大陸（インド大陸・南極大陸・アフリカ大陸・オーストラリア大陸）によって囲まれた海のことを、インド洋とよぼうと思います。

つまりインド洋は、時代とともに拡がっていきます。図1－5c～eを順に見ていくと一目瞭然ですね。あたかも露払いのごとく、北へ北へと真っ先に移動していくインド大陸と、その後ろ側で膨張していくインド洋――。高村光太郎の詩「道程」に倣《なら》えば、「僕の前にインド洋はない／僕の後ろにインド洋は出来る」といったところでしょうか？（怒られそうですが）

インド大陸の道程は、過去2億年でほぼ1万キロメートルに達しました。移動速度が特に大きかったのは、図1-5dの中生代白亜紀で、16㎝／年に達したと推定されています。

なぜこれほどの〝高速〟移動が可能であったのか？　それは、インド大陸を乗せたプレートの動きが、この時代にとりわけ高速であった、すなわち、プレートを生み出す中央海嶺での火成活動がごく活発だったためと考えられます。

大陸が海を渡っていくなどにわかには信じられない話ですが、インド大陸が南半球からいまある地へとはるばる移動したことは、古地磁気学的な手法によって確かめられています。その手法とは、噴出年代の明らかな古い火山岩に記録されている当時の地球磁場の向きを調べることによって、その火山岩が固結したときの緯度を復元するというものです（詳細は、拙著『太平洋その深層で起こっていること』（講談社ブルーバックス）の136～139ページをご参照ください）。

インド大陸で採取された火山岩を時代ごとに分析し、その噴出緯度をたどっていくことによって、図1-5に示したようなインド大陸の北上する軌跡が復元されたというわけです。かつての地球の姿をよみがえらせ、インド洋誕生の経緯を詳細に見せてくれる地球科学的手法の進歩には驚かされるばかりです。

1-5 ヒマラヤはなぜ隆起したか？

ところで、みなさんは、〝世界の屋根〟とよばれるヒマラヤがなぜ、あんなにも標高が高いのか（エベレストの8848メートルは地球の最高峰）知っていますか？　クイズ番組などでもよく取り上げられる問題なので、解答をご存じの方も多いかもしれません。

ご名答！　ヒマラヤを隆起させたのは、インド大陸の衝突です。

前節で、インド大陸が南半球から北半球へ「駆け抜けた」話をしましたが、その終着点で、どっしりと待ちかまえていたのがユーラシア大陸でした。両者は当然、正面衝突します。——いまから数千万年前のことです。

北上するインドプレートはインド大陸の衝突後も動きを止めることなく、引き続きユーラシアプレートの下側へと沈み込んでいきます。しかし、図体の大きいインド大陸のほうは、そうはいきません。いきおい、ユーラシア大陸をぐいぐい押しつづけることになります。

その結果、両大陸に挟まれた堆積物や岩石が、行き場を失って上へ上へと押し上げられたのです。それが、現在のヒマラヤからチベット高原へと続く高山帯となり、エベレストなどの標高8000メートルを超える山々が林立することになりました。そのイメージを模式的に示したのが

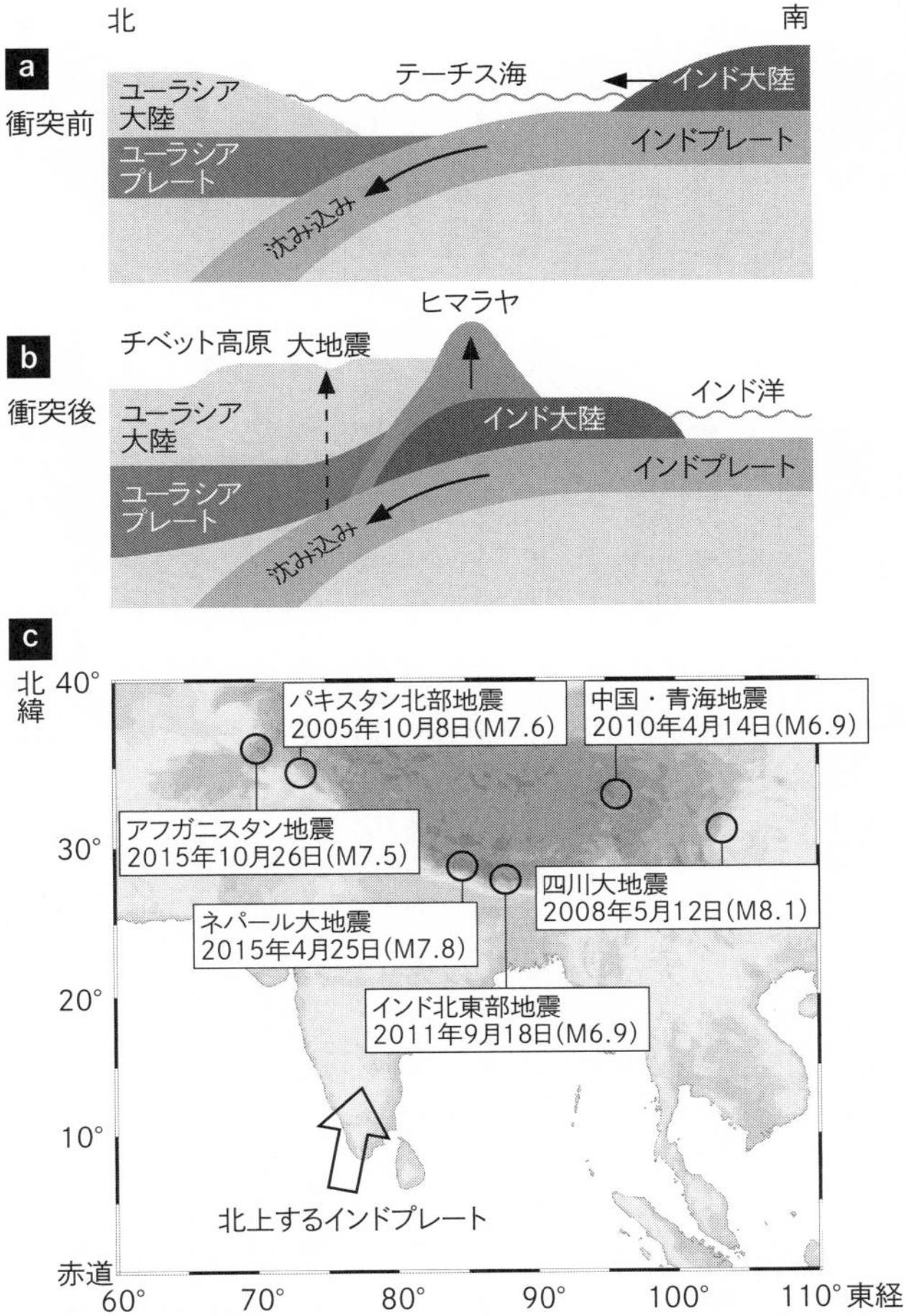

図1-6：インド大陸を乗せたインドプレートがユーラシアプレートの下に沈み込むことによるヒマラヤの隆起を示す模式断面図（a：インド大陸の衝突前、b：インド大陸の衝突後）と、c：インド大陸の北上に起因する最近の大規模地震

図１－６ａ、ｂです。

ヒマラヤの頂上からは、なんと貝の化石が見つかっています。隆起する前のヒマラヤ頂上付近が、かつては浅い海辺だったことを物語る事実です。インドプレートはいまなお北進を続けていますから、ヒマラヤの標高は今後、さらに高まっていくことでしょう。

ところで、日本列島がまさにそうであるように、プレートとプレートが擦《こす》れ合う場所では、地震が頻発します。プレートどうしが水平方向に及ぼす力によって地殻内にひずみが溜まり、それが限界に達すると岩石が大規模に破壊され、大地震をもたらすのです。

図１－６ｃに、インド北部やアフガニスタンから中国南部にかけて、今世紀に発生した代表的な地震の震源域を示しました（データは『理科年表』による）。マグニチュード７を超えるような大規模地震が、数年に１回程度の頻度で発生し、そのつど、犠牲者が数千〜数万人に及ぶという痛ましいニュースが伝わってきます。

２０１５年にカトマンズ近郊で発生したマグニチュード７・８のネパール大地震は、ネパールのみならず、インド、中国、バングラデシュに大きな被害をもたらしました。死者が８５００名以上、負傷者１万５０００名以上に達したといわれます。

1-6 真北を指す細長い槍——東経90度海嶺は唯一無二の直線地形

過去2億年にわたって、インド洋で繰り広げられた壮大な大陸移動の歴史を概観してきました。この歴史をふまえたうえで、先ほどいったん保留にした、東経90度海嶺の話に戻ることにしましょう。

インド大陸が、南極大陸やオーストラリア大陸から少しずつ離れはじめた約2億年前（図1-5b、c参照）、インド大陸とオーストラリア大陸とのあいだには、両者を引き離していく海底拡大軸がありました。その近傍に、たまたまホットスポットが生じたのです。そこでは大規模な噴火活動が続き、次々と海底火山や火山島を生み出していきました。

ホットスポットとは、マントルの最深部からマグマが上昇してくる、単独の火山活動です。このとき、インド大陸とオーストラリア大陸とのあいだで海底拡大軸の近くに生じたホットスポットは、ちょうど現在のハワイ島のような存在だったのでしょう。

このホットスポットから生み出された火山体は、インドプレートにくっついて北へとずれていき、やがてホットスポット源から切り離されます。するとマグマの供給は途絶え、冷えた火山体は海山となって、そのままインドプレートに乗って北上を続けます。

これが繰り返されることによって、海山群の列が北へ北へと延びていきました。インドプレートが、ほぼまっすぐに北上した結果、まるで槍のように直線をなす海山列（海嶺）が形成されたというわけです。

本当かな？　……と、疑問を感じた人のために、海嶺から岩石を採取して調べた研究をご紹介しましょう。１９８０年代に実施された深海掘削で、東経90度海嶺の火山岩があちこちで採取され、それら岩石の年齢が以下のような放射化学的手法によって測定されました。

溶岩が固結すると、岩石に含まれる放射性カリウム（^{40}K）の崩壊によって生じるアルゴンガス（^{40}Ar）が岩石内部に溜まっていきます。その蓄積量を調べることによって、岩石の年齢が推定できるのです（「カリウム－アルゴン法」といいます）。

得られた結果を図１－７にまとめました。図中の数字は、火山岩の年齢（いまから何年前にマグマが固結したか）を示しています。

一目瞭然ですね。南から北に向かうにつれて、火山の年齢が順々に古くなっていくことがわかります。つまり、東経90度海嶺は、インド大陸がインド洋を北向きに移動していった事実の生き証人として、長々と尾を引くその移動の航跡を、ぼくたちに見せてくれる存在なのです。

拙著『太平洋　その深層で起こっていること』のなかで、ハワイ島のホットスポットから生み出された、ハワイ・天皇海山群の長い軌跡を取り上げましたが、原理的にそれと同じ現象が、ほぼ同じ時期にインド洋でも起こっていたのです。ハワイ・天皇海山群は太平洋プレートが、一方の東経90度海嶺はインドプレートが、それぞれつくり出した見事な海底造形というわけです。

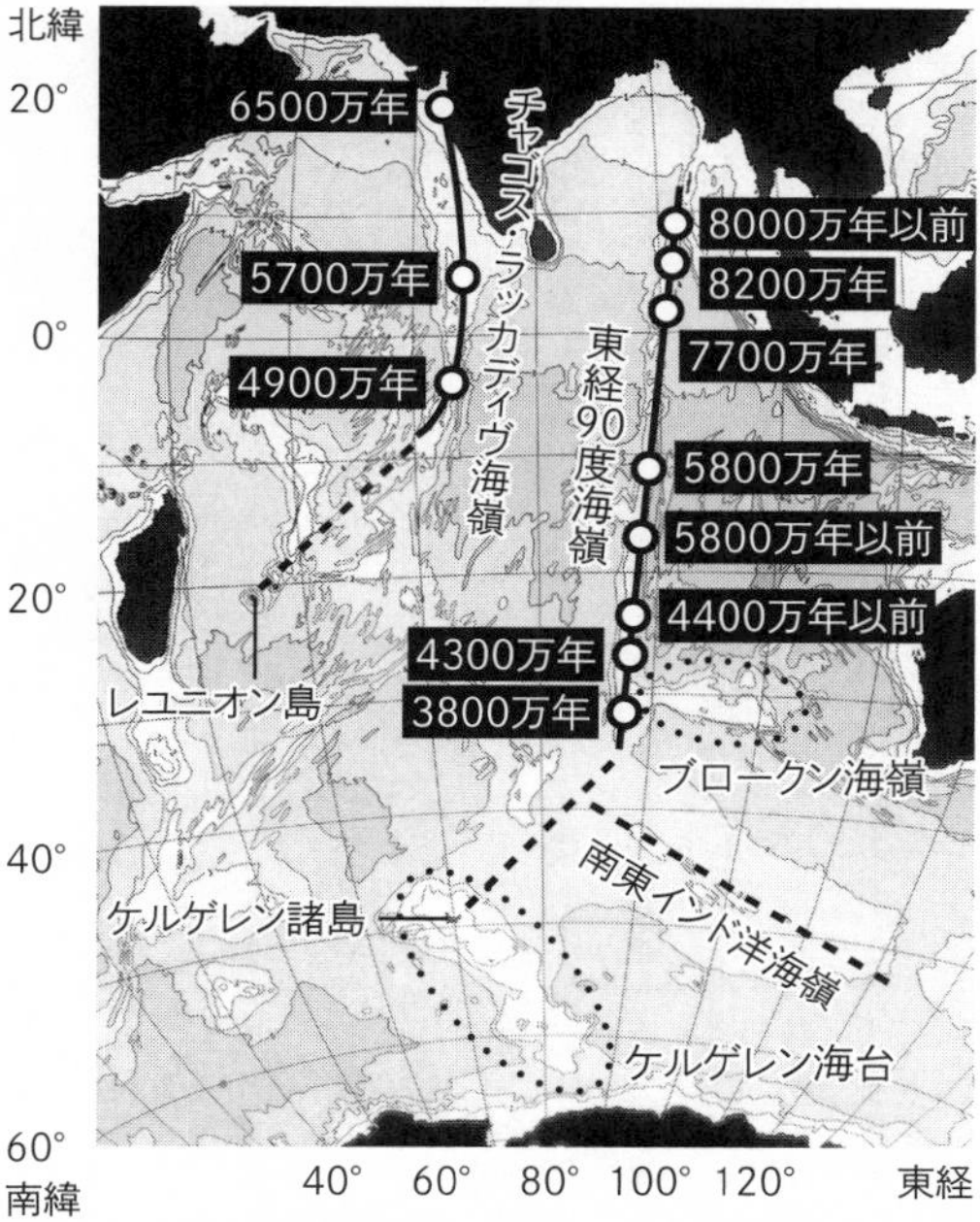

図1−7：東経90度海嶺およびチャゴス・ラッカディヴ海嶺から採取された火山岩の年齢分布　(Royer and Sandwell (1989)およびRoyer *et al*. (1991)のデータに基づく)

ところで、ハワイ島のホットスポットでは、現在も活発に火山が生み出されているので、現代から過去へと連続して海底火山の歴史をたどることができますが、東経90度海嶺の場合は、約3800万年前で途切れています（図1－7）。

その後はどうなったのでしょうか？　東経90度海嶺の起点となったホットスポットは、どこに行ってしまったのでしょうか？

このホットスポットの名残は、図1－7に示したケルゲレン諸島であると考えられています。約3800万年前までは、ケルゲレン諸島を乗せたケルゲレン海台（大洋底にある台地状の地形を「海台」とよびます）はもっと北方にあり、ブロークン海嶺と一体になった巨大な海台でした。そして、そこからホットスポット火山が次々に形成され、東経90度海嶺を北へ北へと延ばしていきました。

ところが、3800万年前頃から、火山活動の様相が変化したらしいのです。詳細に説明するのは難しいのですが、ケルゲレンホットスポット（ケルゲレン海台）が南東インド洋海嶺拡大軸の南側に位置するようになり、ブロークン海嶺から引き離されるとともにホットスポットとしての活動も低下させ、図1－7に破線で示したように南下していったと考えられています。

それにしても、長さ5500キロメートルにも及ぶ、東経90度海嶺の驚くべき直線性！　地球上で自然に形成された、最も長い直線地形だと称する人もいます。

他に海洋の直線地形といえば、太平洋にある天皇海山群やハワイ海山群が思い浮かびますが、それらの長さをざっと見積もってみると、それぞれ2000キロメートルおよび3400キロメートルです。インド洋を貫く一本槍＝東経90度海嶺には、はるかに及びません。

また、海溝のなかでは西太平洋のトンガ・ケルマデック海溝がよい直線を示していますが、長さは2400キロメートルほどと、東経90度海嶺の半分にもいたらないのです。

ところで、インド洋にはもう一つ、「インド大陸北進の航跡」と見なすことができる海底地形が存在します。

それは東経90度海嶺の西側、インド半島の西側から南へと連なるチャゴス・ラッカディヴ海嶺です（図1－7参照）。形状を見ると、こちらは槍ではなく、中近東地域でよく見られる湾曲した刀のイメージでしょうか（シャムシール、または新月刀ともよばれるものです）。この海嶺には、観光地として有名なモルディブ諸島が含まれています。チャゴス・ラッカディヴ海嶺は、東経90度海嶺の形成とほぼ同じ時代に、別のホットスポット（図1－7に示したレユニオン島）から生み出された火山群が、インドプレートの北上によって南北方向に列をなしたものと考えられています。

1-7 南極海で沈み込む熱塩循環

インド洋の海底の主要な地形をひと通り見てきたので、次にその地形の「上」を満たしているもの、すなわち海水について考えてみたいと思います。

世界中のほとんどの海域で、海水は休みなく動いています。海水の動きは、大気の動きに強く

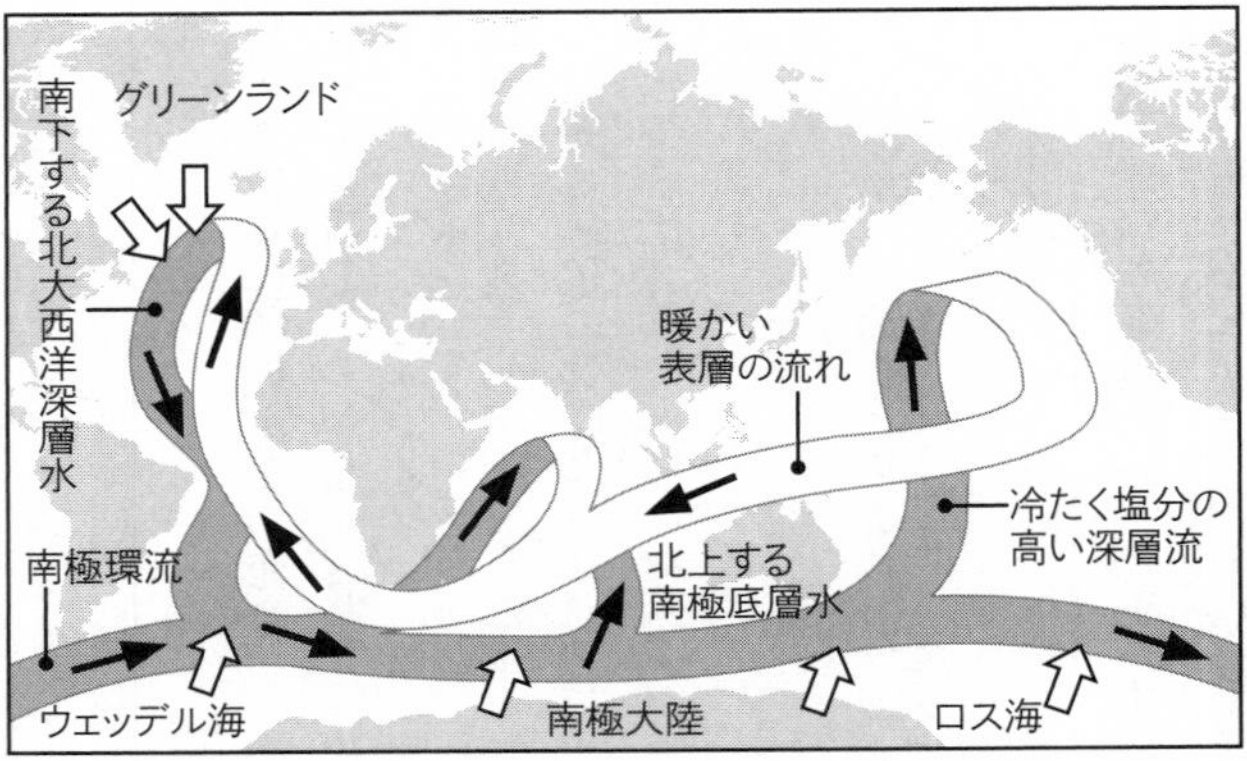

図1-8：熱塩循環のルートを概念的に示すブロッカーの「コンベアーベルト」モデル　アミのかかった流れは冷たく塩分の高い深層流を、白抜きの流れは暖かい表層流を示す。白抜きの矢印は、底層水の形成海域を示す（Broecker（1991）をもとに作成）

支配される表面の海流と、深度数千メートルの海底まで届く深層の循環とに区分けされます。

インド洋の表面海流は、この海独特のモンスーン（季節風）との関わりがたいへん強いので、第3章でまとめてお話ししたいと思います。ここでは、インド洋の複雑な海底地形を抜きにしては語ることのできない、深層海水の動きについて見ていきましょう。

世界中の深層海水は、1000年から2000年という長い時間をかけて、全海洋をひとめぐりしていることがわかっています。そのイメージを示したのが、図1-8の循環図です。アメリカ・コロンビア大学教授だった海洋学者、ウォーレス・ブロッカー（1931〜2019）が、世界の深層循環をひとつながりのコンベアーベルトに喩《たと》えて、初めて可視化したことから「ブロッカーのコンベアーベルト図」と名づけられました。

深層の海水の動きを支配しているのが、海水の重さ（密度）です。周囲より重い海水は重力で沈み、軽い海水は浮力を受けて浮き上がるようすを想像してみてください。海水の重さは、海水の温度（熱量）と塩分で決まるので、このような深層水の動きには「熱塩循環」という名前がつけられています。

熱塩循環の出発点は、重くなった表面海水の沈降です。海水には、冷やせば冷やすほど重くなる性質があります。表面海水が最も冷やされる海域といえばどこでしょうか。それは、冬季の極域（北極圏または南極圏）です。

海水の氷点は、およそマイナス1・8℃。そこまで冷えると海水の一部が氷結しますが、できた氷はほとんど真水なので、周囲の海水は塩分が増加し、ますます重くなります。その結果、一段と重くなった海水が、重力によってズブズブと沈んでいくのです。十分に重ければ深海底まで沈みます。このような沈み込み海域が、図1-8中の白抜き矢印で示されています。

北大西洋では、冬季のグリーンランド海やラブラドル海で表面海水が深層へと沈み、「北大西洋深層水」となって大西洋を南下してきます。一方、南極圏のウェッデル海やロス海などでも、冬季に同じ現象が起こり、重くなった表面海水が沈んで「南極底層水」をつくります。そして、大西洋を南下してきた北大西洋深層水とも混合しつつ、南極大陸の周囲を時計回りに循環します（図1－8の「南極環流」）。

この南極環流の一部が枝分かれして、インド洋や太平洋の底層を北上します（大西洋の底層にも入りますが、図が煩雑になるので表示していません）。これら南極底層水は、北上するにつれて少しずつ周囲から暖められて軽くなり、深層から表層へと浮き上がっていきます。

そして、やがて表面に戻って表面海流として北極海や南極海に移動し（図1－8で「暖かい表層の流れ」とあるのがこれです。図が煩雑になるので、北極海に戻る流れしか示していません）、そこで振り出しに戻って、同じ現象（高密度水の形成と沈み込み）が繰り返されるわけです。

1-8 海底地形に翻弄される底層水の動き

さて、インド洋の熱塩循環に話を絞りましょう。南極海から枝分かれした南極底層水は、インド洋の中を、どのように北上していくのでしょうか？

一般に底層水は、深海底の複雑な地形に沿うかたちで北上していきます。海底の地形が〝通せんぼ〟をすれば、底層水の動きはそこで止まるか、迂回《うかい》をしなければなりません。

底層水は、北上するにつれて少しずつ水温が上昇します。底層水の前方や上方に存在する、よ

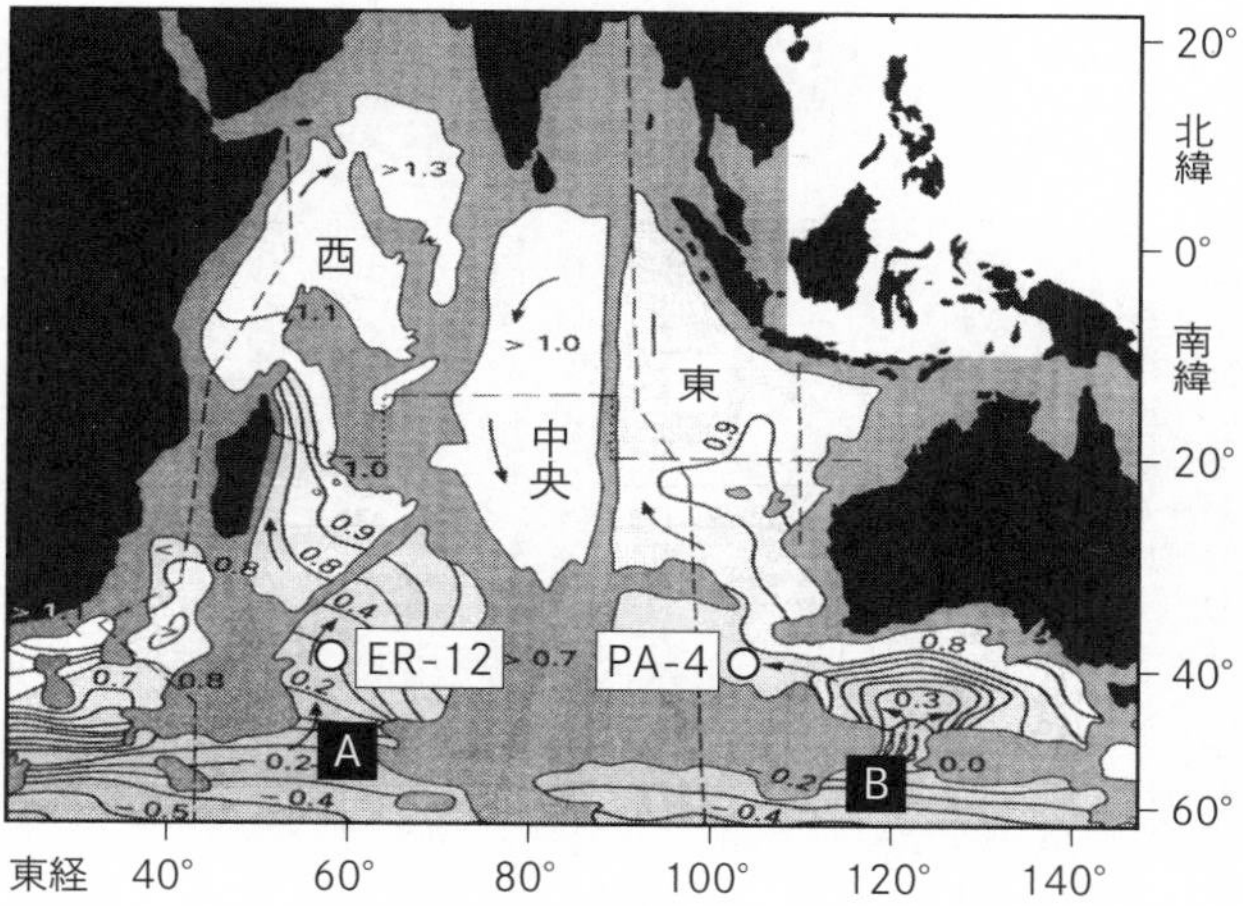

図1-9：インド洋の底層（深さ4000m以深）のポテンシャル水温の分布と底層水の動き（矢印）　AとBは、南極底層水が流入する地形の切れ目を示す（Tomczak & Godfrey（1994）より引用）

り温度の高い海水との混合が進むのと、海底からの地熱によって暖められるためです。つまり、底層水は上流ほど水温が低い。そこで水温の分布から、底層水の流れの向きが推定できます。

図1-9に、インド洋の深さ4000メートルにおける海水のポテンシャル水温分布を示しました。ここでポテンシャル水温とは、水圧がかかることによって生じる二次的な温度上昇分を取り除いた、海水本来の水温のことです（ポテンシャル水温についての詳しい説明は、拙著『日本海　その深層で起こっていること』の86ページ「海水の特徴を決める水温と塩分」にまとめましたので、興味のある方はぜひご参照ください）。

図1-9は、深度が4000メートルより浅い海底にアミをかけました。南極海の近くをよく見ると、南極底層水がインド洋に流入できそうな隙間《すきま》が2ヵ所、西側（東経60度付近、「A」と表示）と東側（東経120度付近、「B」と表示）に開いていることがわかります。水温の等しい部分を結んだ等温線の分布から、これら2ヵ所の隙間を抜けて、低温の南極底層水がインド洋の内部へ流れ込んでいるようすが窺《うかが》えます。

このような南極底層水の存在は、水温の鉛直分布からも確認することができます。隙間A、Bの北側に位置する二つの観測点（ER-12とPA-4）で測定したポテンシャル水温の鉛直分布を、図1-10に重ねて示したのでご覧ください。

一般に、海水温は深さとともに低下しますが、海底付近に底層水が活発に流入していると、この水温低下がより際立って見えます。図1-10の深さ3000メートル前後の水温分布の形状に注目してください。

深さ3000メートルのあたりに境界層があり、そこから下が底層水です。底層水中では、上層に比べ水温の下がり方が著しいことにお気づきでしょうか（本書を斜めにもってこの図を見ると、さらによくわかると思います。測点ER-12で特に顕著です）。

これら2系統の底層水は、インド洋の東側と西側をじわじわと北上していきます。図1-9を見ると、インド洋の4000メートルより深い海底の地形は、南北方向に延びる2列の土手――

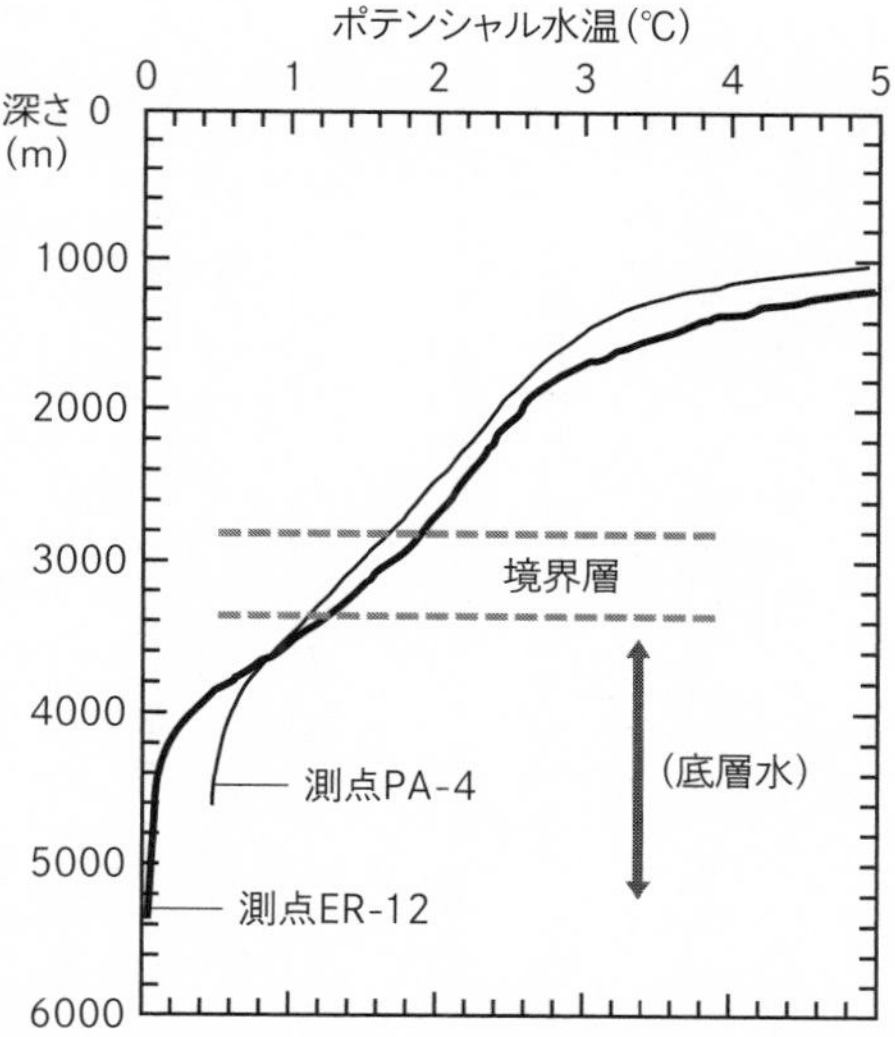

図1-10：南東インド洋(測点PA-4)と、南西インド洋(測点ER-12)におけるポテンシャル水温の鉛直分布　両測点の位置は図1-9参照(研究船「白鳳丸」によるKH-96-5次航海、およびKH-09-5次航海によるデータより)

一つが東経90度海嶺、もう一つがチャゴス・ラッカディヴ海嶺と中央インド洋海嶺との複合——によって、三つの海盆(西側・中央・東側)に区分されていることがわかります(海盆とは、陸上なら盆地に相当する海底の凹みのことです)。

Aから流入する底層水は西側の海盆へ、またBから流入する底層水は東側の海盆へ、それぞれ矢印のように北上していきます。中央の海盆は底層水が入りにくい地形をしていますが、東経90度海嶺の北側にいくつか小さな隙間があり、そこから西向きに底層水が入り込んでいくと考えられています。

ここではわかりやすいパラメーターとして、ポテンシャル水温だけを取り上げましたが、底層水の動きについては、海水中の化学成分（溶存酸素、放射性炭素、人工物質など）の分布から、さらに詳細な研究が進められています。

1-9 対照的な二つの巨眼——アラビア海とベンガル湾

インド大陸が2億年かけて北上し、ついにユーラシア大陸と結合したことによって、インド洋の北辺に、それ以前には存在しなかった二つの大きな湾曲部が形成されました。

一つはインド東方のベンガル湾、そしてもう一つがインド西方のアラビア海です。19ページ図1-3を見ると、これら二つの海域は、さながらインド洋を見下ろす「二つの巨眼」ですね。そんな感じがしませんか？

これら二つの巨眼に湛《たた》えられた海水は、以下に述べるように対照的な性質をもっています。インド洋の海水ならではの面白さを見ていきましょう。

ベンガル湾は、陸上でいえば巨大な扇状地です。ガンジス川、メグナ川、ブラマプトラ川などの大河が運び込む大量の土砂が、はるか沖合まで分厚く堆積し、水深1500～4000メートルまでなだらかに続く平坦面は、「ガンジス深海扇状地」ともよばれます。

ウェブ版の「ブリタニカ」によれば、堆積物の厚さは10キロメートルを超えるところもあるそうです。東経90度海嶺の槍の切っ先は、この厚い堆積物の中に深々とめり込んでしまい、その先端のかたちが不明瞭になっています。

ベンガル湾に流れ込むのは、土砂ばかりではありません。河川からは大量の淡水も流入します。そのため、表面海水は薄められ、塩分（海水1キログラム中に含まれる塩のグラム数のことで、単位をつけません）が低くなります。

亜熱帯に位置するベンガル湾では当然、海面で活発な蒸発が起こります。したがって塩分はむしろ高くなってもおかしくないのですが、河川から流入する莫大《ばくだい》な淡水の量が、蒸発の効果をはるかにしのぐというわけです。

ベンガル湾の塩分がいかに低いか、他の海域と比べてみましょう。図1－11は、世界中のすべての海水が、表面水から超深海水まで含めて、どのような温度と塩分の組み合わせをしているかを示したものです。ほとんどの海水は、塩分33から37のあいだに入ります（平均すると34・7）。

ところが、ベンガル湾の表面海水の塩分は湾の中央付近でも33くらいしかなく、陸に近づくにつれてさらに減少し、31、もしくはそれ以下に下がります。明らかに、陸からの淡水によって希釈されるためです。

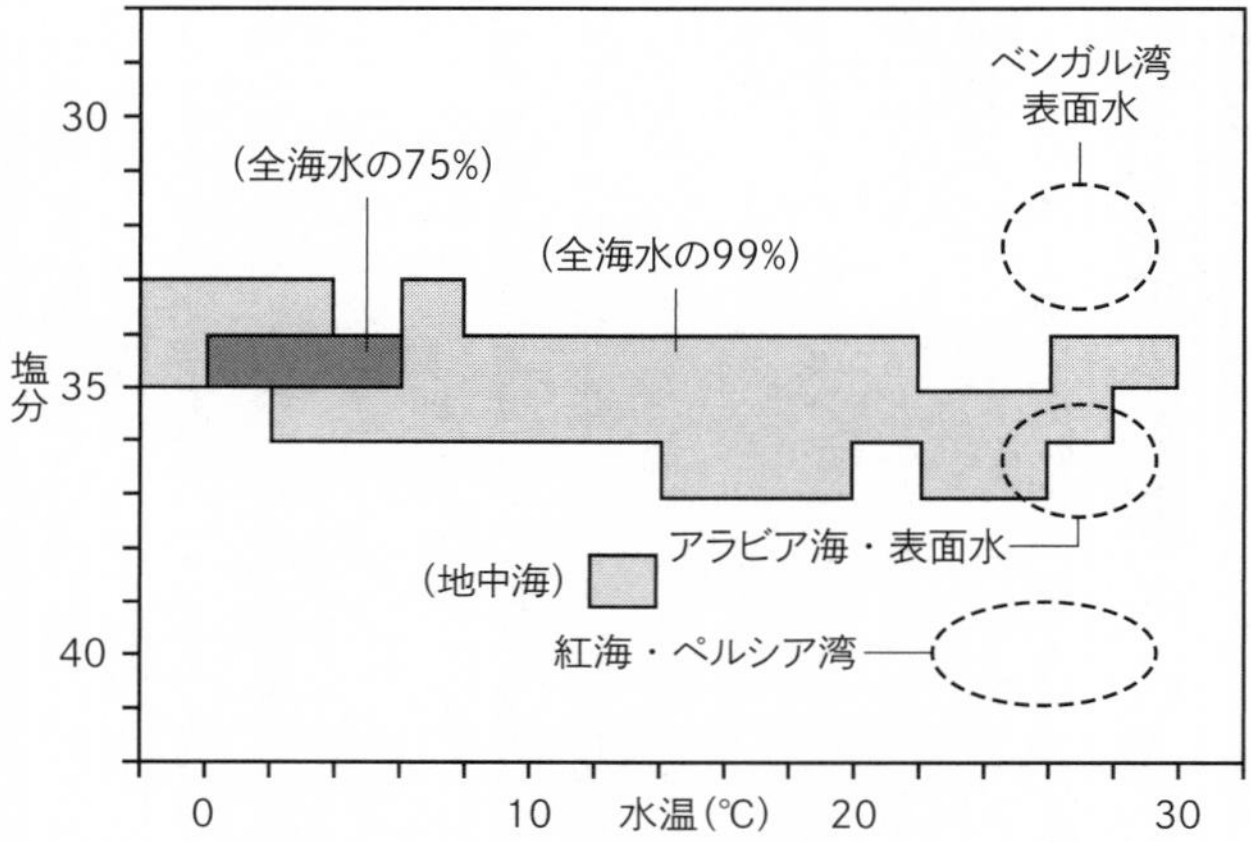

図1-11：世界の海水の水温と塩分の広がり　実線で囲まれた範囲内に全海水の99%以上が、濃いアミカケ部に全海水の75%以上が含まれる(Montgomery(1958)より作成)

これに対し、まったく異なった傾向を示すのが、西側の巨眼、アラビア海です。その緯度帯はベンガル湾とほぼ同じ亜熱帯ですが、アラビア海の表面海水の塩分は35〜37と（図1-11参照）、ベンガル湾よりはるかに高くなっています。

アラビア海にはインダス川が流れ込みますが、その流量はガンジス川の3分の1程度しかありません。そのため、ベンガル湾に比べ、海面蒸発の効果が大きく作用します。

加えて、アラビア海にはきわめて高塩分の海水が、ペルシア湾と紅海から流れ込んできます。ペルシア湾も紅海も降水が少なく、陸からの大きな河川もありません。これらの海域の海面では、活発な蒸発によって塩分がぐんぐん上昇し、40を超えるまでにいたります。このような高塩分水の流入と海面蒸発の相乗効果により、アラビア海では表面海水の塩分が高く保たれるわけです。

低塩分のベンガル湾と、はるかに高塩分のアラビア海――。インド半島をあいだに挟んで、対極的な性質をもつ二つの巨眼が隣接しています。ベンガル湾にはガンジス川という涙腺から真水の涙が、そしてアラビア海にはペルシア湾と紅海という二つの涙腺から特に塩辛い涙が、それぞれ流れ込んでいるというわけです。

1-10 「未来のインド洋」はどんな姿になる？

本章ではここまで、「現在のインド洋のかたち」を概観してきました。しかし、このかたちが未来永劫《えいごう》続く、ということはないでしょう。23ページ図1-5で見たような、ダイナミックな地球の営み、すなわちプレート運動が継続していくかぎり、地球上の大陸の配置は、今後も少しずつ変化していくはずです。インド洋の姿も当然、変わっていくでしょう。

では、どのように変わっていくのでしょうか？

何人かの研究者が、理論的なモデルを用いて予測をしています。どんなモデルを使うかによって、「未来の地球」の姿はさまざまです。しかし、おおむね共通している結論は、２億～３億年

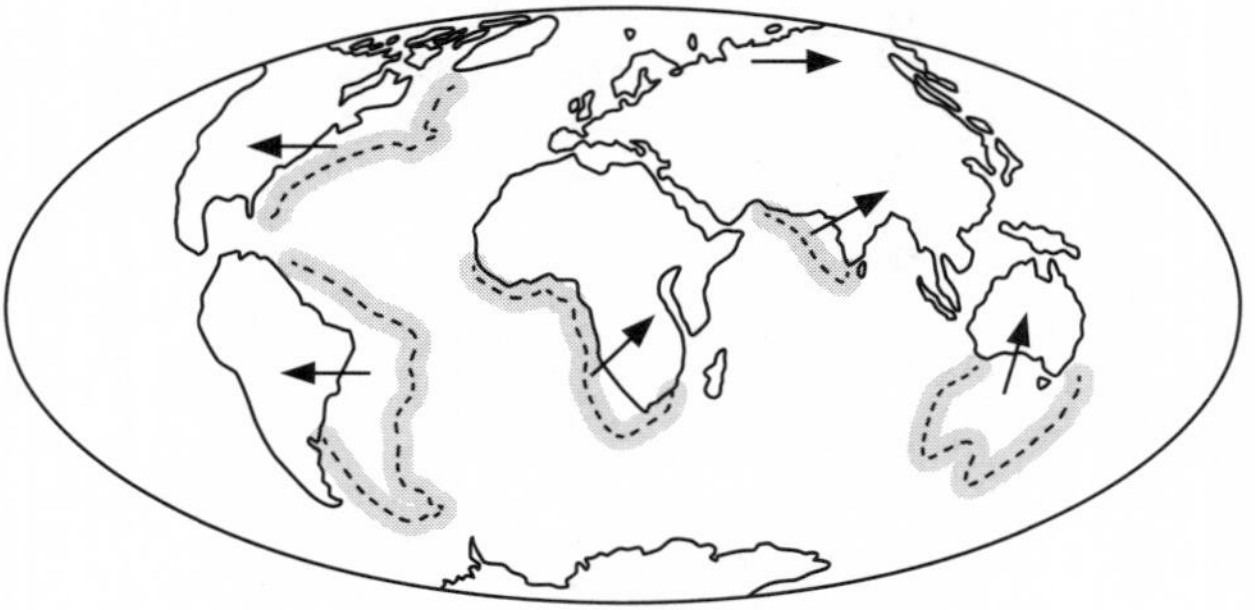

図1-12：5000万年後に予想される地球上の大陸の移動（矢印の方向）　点線は現在の大陸分布（Dietz & Holden（1970）より作成）

後には、かつての超大陸パンゲアのように、地球上の大陸はふたたび一つにまとまっていくだろうということです。

ここでは一例として、プレートテクトニクス理論の開拓者の一人であるアメリカの海洋地質学者、ロバート・ディーツ（1914～1995）が、ジョン・ホールデンと共著で1970年に提示した、5000万年後の世界地図を覗《のぞ》いてみましょう（図1－12）。

ロバート・ディーツは、先にも登場した天皇海山群の命名者として、また、1952年の明神礁《みょうじんしょう》の爆発噴火音をアメリカ西海岸で聴取した研究者として、日本でもよく知られていますが（拙著『太平洋　その深層で起こっていること』をご参照ください）、研究者としての本領を発揮したのは、プレートテクトニクス理論の構築と応用にありました。

図1－12によれば、中央海嶺におけるプレート拡大が

持続することによって、大西洋や北極海が広くなり、太平洋はそのぶん狭くなっていきます。インド洋では、オーストラリア大陸が北上し、アラビア海が拡がり、インド半島が東に移動していきます。

オーストラリア大陸の南側では海が拡がるため、インド洋と太平洋は、現在よりも一体化が進みそうです。その頃の地球がどんな環境になっているのか、陸や海を支配する生物は何なのか、まったく想像もつきませんが、もしまだ生物が存在していたならば、彼らは５０００万年前の地球をどのように認識することでしょうか？

「インド洋」という名称の由来

ここでひと休みして、インド洋という海域名の由来を探ってみたいと思います。

インドという陸地の名前からかな？　……というのは安易な答えではありますが、どうやらそれが正解のようです。

ここに、貴重な地図があります（図1－13）。2世紀前半に活躍したギリシャの天文・地理学者、プトレマイオス（英語名トレミー、生没年不詳）が著した『地理学』（全8巻）中にある世界地図です。

ただし、ここに示したのは、ずっと時代の下った15世紀のルネッサンス時代に、イタリアの人文科学者、ヤコポ・アンジェロ（1360～1411）が原典をラテン語に翻訳したものをベースに、地名（英訳もされている）の一部を日本語に置き換えたものです。

この地図には、2世紀頃の先端的な地理情報が盛り込まれており、当時のことを知るうえでたいへん興味深いものがあります。地中海やヨーロッパ大陸の形状はかなり現実に近いようですが、東に向かうにつれて陸のかたちは大まかになっていきます。スリランカが巨大すぎるなど、現在から見ればおかしな箇所も含まれています。

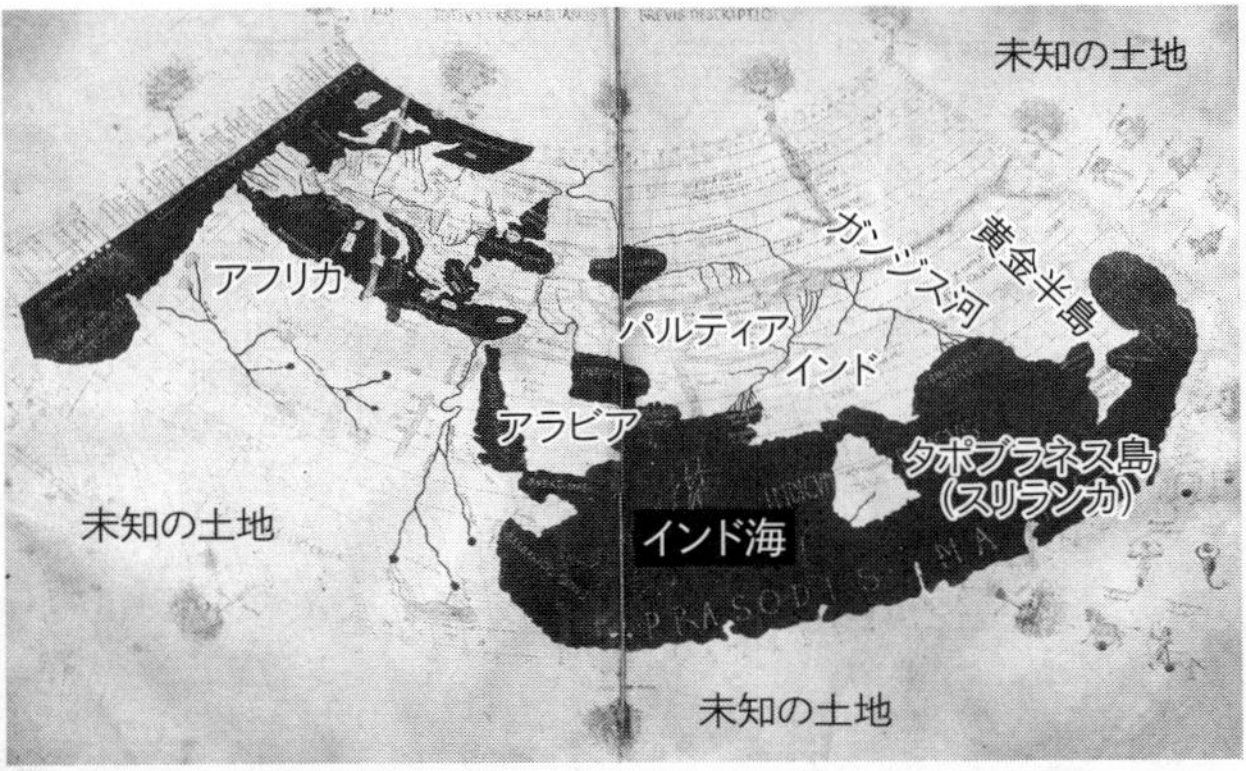

図1-13：2世紀にプトレマイオス（トレミー）が作成した世界地図に加筆したもの　原図は15世紀の複製（https://commons.wikimedia.org/wiki/File:PtolemyWorldMap.jpgより）

このような地理情報は、いわゆる「海のシルクロード」を経由して東西の交易がなされた結果、蓄積されていったのでしょう。ちなみに、緯度線と経度線が示された世界地図としては、これが初めてのものです（ただし、経度線には少し間違いがあった）。

この地図はその後、１０００年以上を経過した大航海時代の頃まで用いられたといわれています。新大陸を発見したコロンブス（１４５１頃～１５０６）は「西へ行ったほうが、インドへの近道だ」と思い込んでいましたが、その理由の一つは、この地図が地球の周長（つまり経度線）を7割がた短く見積もっていたためと推測されています。

さて、この地図に描かれた最も大きな海こそ、現在のインド洋北部海域に相当します。その名称は、"Indicum Pelagus"（英訳"Indic Sea"）とあるので、日本語は「インド海」としました。

　この地図が製作された2世紀の頃は、南インド洋についてはほとんど知られていなかったため、仮想的な陸が描かれています。西欧の国々がインド洋を正しく認識するには、ヴァスコ・ダ・ガマ（１４６０頃～１５２４）によるインド航路の発見が端緒を開く、15世紀以降の大航海時代まで待たなければなりませんでした。

　プトレマイオスは、「インドとよばれる広い陸地の南側に広がっている海」という意味で、まずインド海の名称をつけたのでしょう。そして時代とともに、インド海のエリアは南へと拡がっていきます。ベルギーの地図学者、オルテリウス（１５２７～１５９８）が１５７０年に製作した世界初の近代的世界地図には、もっと南へと広がった海域に"MAR DI INDI"（インド海またはインド洋）と記されています。

　我が国では、１８６９年（明治2年）に、福沢諭吉が自著『世界国尽《せかいくにづくし》』の中で、「インド海」の呼称を使用しています。

　約2億年前から現在にかけて、インド大陸の劇的な北進によってインド洋が拡張し、現在の姿にいたったという事実も合わせて考えると、この海を「インド洋」とよぶのはまことにふさわしい気がします。みなさんはいかがでしょうか。

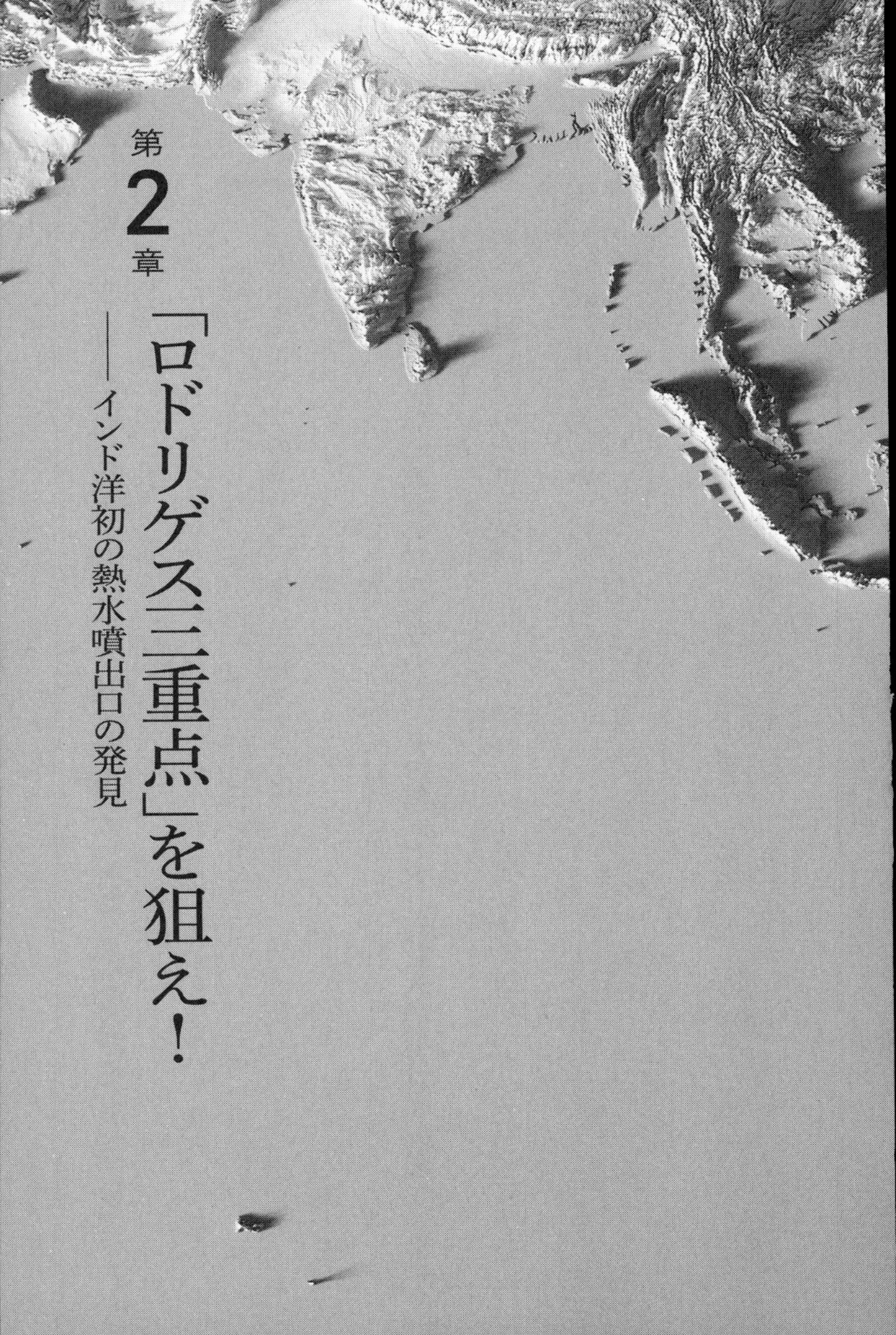

第2章 「ロドリゲス三重点」を狙え！

——インド洋初の熱水噴出口の発見

Indian Ocean

海洋研究の醍醐味《だいごみ》は、なんといっても、誰も知らなかった新しい現象やその現場を発見することにある。

三大洋のなかで最も科学的調査の遅れているインド洋には、未知の現象や生物が、まだあちこちに隠れているとみられ、〝宝の山〟にぶつかることも夢ではない。その一例として、日本の深海探査グループの成し遂げた快挙をご紹介したい。

彼らが追い求めたのは、インド洋でまだ誰も見たことのない海底の温泉、すなわち熱水噴出口だ。二度、三度とインド洋へ乗り出した彼らは、最新の探査機器を駆使することによって、温度360℃という高温の熱水噴出口と、その周囲を取り囲む大規模な生物群集を、世界で初めて見つけたのだ。

その舞台は、ロドリゲス三重点。――逆Y字形のインド洋中央海嶺が一点で交わる要所である。

2-1 進む深海の科学――しかしインド洋海底は「観測空白域」として取り残された

インド洋の学術的な調査・研究は、太平洋や大西洋に比べ、大きく遅れをとってきました。

その大きな理由の一つは、インド洋が、海洋観測に長《た》けた欧米諸国から遠く離れていること。そのため、研究船による観測の頻度が、どうしても低くならざるをえなかったのです。

しかし、第二次世界大戦後、「これではいけない、インド洋のことをもっと知ろう」という国際的な気運が高まっていきます。１９６０年から１９６５年頃にかけて、第一次国際インド洋共同観測（ＩＩＯＥ：International Indian Ocean Expedition）がおこなわれ、約25ヵ国の参加のもと、インド洋が集中的に調査されました（２０１５年からは、第二次国際インド洋共同観測＝ＩＩＯＥ-２が実施されています）。

ＩＩＯＥが端緒となり、たとえばインド洋の海底地形データが飛躍的に増加したことで、19ページ図１－３のような詳しい海底地形図が描けるようになりました。第１章でも述べたように、インド洋の深海底には、逆Ｙ字形に延びる基本骨格（３系統の中央海嶺群）や、東経90度海嶺の存在などが明らかになり、これらの海底地形が新たな研究対象として熱い視線を浴びるようになっていきます。

ちょうどその頃、深さ何千メートルという深海底に関わる科学が大変革の時代に入りました。中央海嶺がじつは火山山脈であること、そこでは地球深部のマントルからマグマが上昇して固まり、新しい海底（プレート）が形成され、拡大していること、そして大陸が移動すること――このような革新的パラダイムである「プレートテクトニクス理論」が勃興し、その構築と検証が急速に進みはじめたのです。

陸上の火山活動と同じことが、深海底のプレート拡大軸でも起こっている。それは観測によって確認できるはずだ。噴火による溶岩台地があるかもしれない、海底温泉だってあるかもしれない。だとすれば、その規模はどれくらいか、陸上の温泉とはどこがどう違うのか……等々、次々に生じる疑問点や研究目的に海洋学者は色めき立ち、深海カメラや潜水船などの最新機器を導入した深海底の調査・研究が、世界のあちこちの海域で活発におこなわれるようになりました。

ただし、「あちこち」といっても、優先されたのはやはり太平洋や大西洋です。

太平洋からの記念すべき第一報は、1977年2月に、東太平洋、ガラパゴス諸島近海からもたらされました。水深2500メートルの、海底の裂け目に沿って潜航していたアメリカの潜水船「アルビン」号が、水温2℃しかない、冷たい海底からゆらゆらと湧き出す、温度7～17℃の温泉を発見したのです。

1979年には、メキシコ沖の中央海嶺（東太平洋海膨《かいぼう》）に潜航したアルビン号が、深さ2500メートルの海底で、なんと350℃を超える本格的な熱水の噴出に遭遇しました。

「350℃のお湯」と聞くとびっくりしますね。しかし、水深2500メートルの海底には、250気圧もの猛烈な水圧がかかっているので、海水は380℃くらいにならないと沸騰しません。350℃でも、まだ十分に液体のままなのです。

高温の海底温泉発見のニュースは、さらに大西洋の中央海嶺、西太平洋の背弧《はいこ》海盆（マリアナトラフやマヌス海盆など）といった具合に、他の海域からも相次いでもたらされました。しかし、インド洋の中央海嶺には探査の手がなかなか届きません。ほとんど観測空白域の状態が続いていました。

2-2 いざ、インド洋へ！――日本の研究グループの挑戦

1990年代に入ってすぐ、インド洋に新しい風が吹き始めました。日本の若手研究グループが、インド洋中央海嶺の探査に名乗りを上げたのです。日本はインド洋に特に近いわけではありませんが、いろいろな意味で「機が熟した」ということでしょうか。欧米諸国に比べればアクセスが容易であることに加え、世界最高クラスの研究船「白鳳丸《はくほうまる》（2代目）」や深海潜水船「しんかい6500」が、まさに稼働しはじめたこと（いずれも1989年の就航）、さらには戦後生まれのいわゆる第二世代の研究者を中心に、日本の海底科学界が若々しい熱気にあふれていたことなど、さまざまな好条件が重なる時期にあたっていたのです。

タイミングという点では、中央海嶺研究を国際的（インターナショナル）な共同体制のもとでおこなおうという「インターリッジ計画」が、まさに1990年に発足したという追い風もありました。リッジとは「ridge」、すなわち中央海嶺のことを意味します。

図2-1：学術研究船「白鳳丸(2代目)」　全長100メートル、総トン数3991トン。研究者35名が乗船でき、氷海を除く、世界のすべての海に調査に出向く航海能力を有する

日本のインターリッジ計画を強力に牽引したのは、東京大学海洋研究所の玉木賢策と藤本博巳の両博士でした。彼らは、日本主導による最初のインターリッジ計画として、インド洋中央海嶺の本格的探査を立案し、その具体化に奔走します。インド洋が手つかずの処女地であることが、研究者にとってはなによりの魅力でした。

充実した観測をおこなうには、洋上に浮かび、大勢の研究者の活動を保障するベース基地が必要です。先にも述べましたが、就航まもない東京大学の研究船・白鳳丸（図２－１）に白羽の矢が立ちました。日本とインド洋とのあいだを往復して、現場海域でひと月程度の長期観測をおこなうため、約２ヵ月半に及ぶ航海計画が固まっていきます。

探査の大きな目的の一つが、インド洋で初となる海底温泉を見つけることでした。逆Y字形に延びるインド洋中央海嶺のどこを集中的に探査するのがよいか、慎重に検討がなされ、三つの

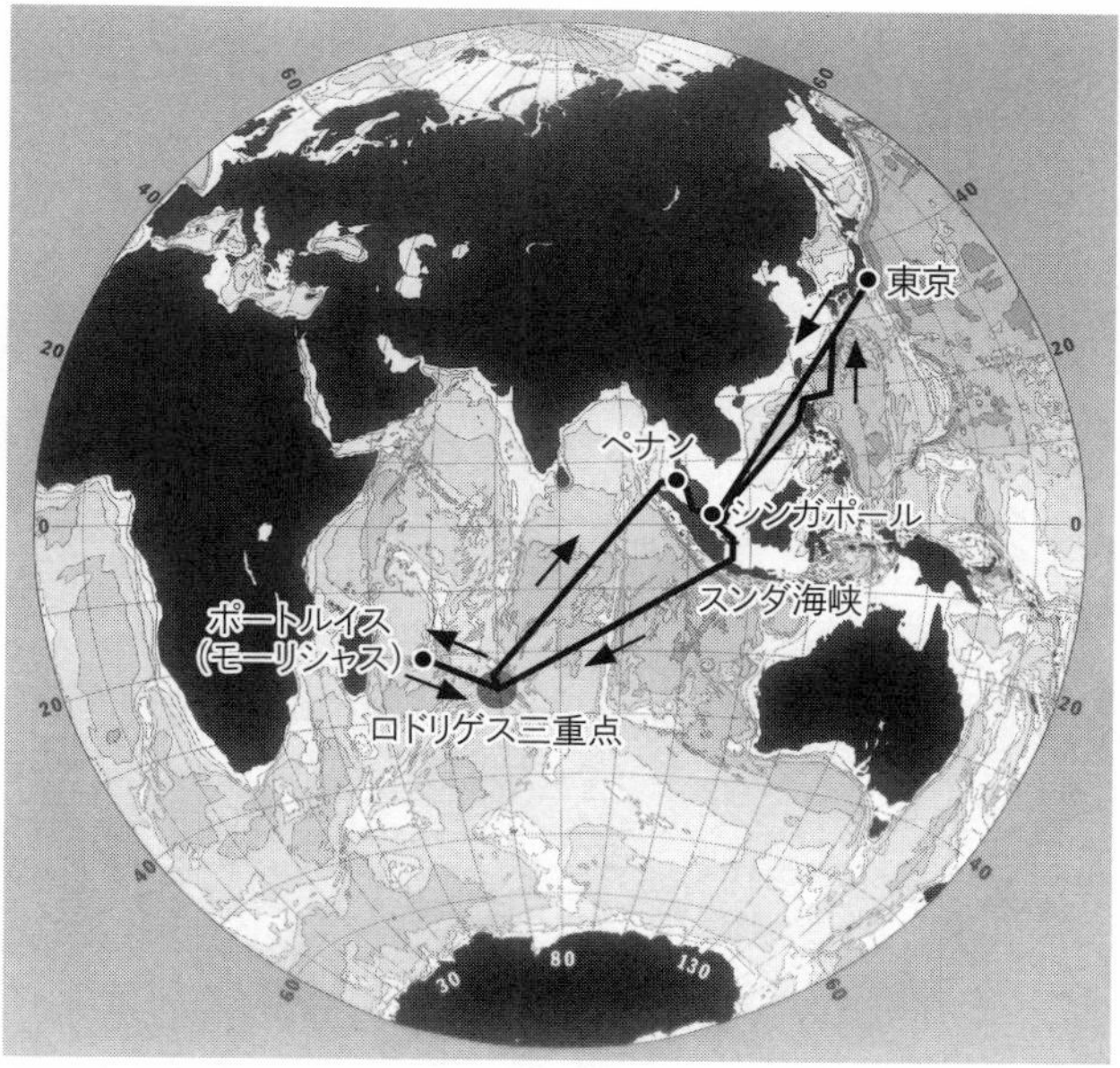

図2-2：1993年7月8日～9月17日におこなわれた白鳳丸による KH-93-3次航海の航跡

中央海嶺が一点で交わる「ロドリゲス三重点」（南緯25度35分、東経70度00分、19ページ図1－3参照）が、主たるターゲットに選ばれました。

調査データのほとんどない、白紙に近い海域であるため、確信的なことは誰にもわかりません。しかし、海底下からマグマの噴き出す三海嶺の会合点といえば、いかにも火の気はありそうです。

もちろん、いきなり温泉を見つけるのは無理な話です。詳細な海底地形図をつくり、海底の岩石を採取し、海底地震計を設置・回収するなど、さまざまな分野の研究者が力を合わせ、海底の火山活動に迫っていくことになりました。

同じ海洋研究所の化学部門にいたぼくにも、「参加しないか？」という声がかかりました。海底温泉の兆候を直接つかむために、海水の化学分析も重要な手がかりを与えてくれます。海底温泉からは、ふつうの海水とは違った化学組成をもつ熱水が湧き出しているからです。

それまで、主として西太平洋で背弧海盆の海底温泉を調査していたぼくにとって、中央海嶺に挑むのは初めてのことでした。「これはチャンスだ」と大いに奮い立ちました。しかし、短い観測期間内に多数の深海水を採取して化学分析することはとうてい一人ではできない作業なので、共同研究者を募ったところ、この道のプロ、技術者、若い大学院生あわせて約10名が、日本全国から結集してくれました。白鳳丸に乗船できる研究者の総数は35名、その3割を化学分野の研究者で占めることになりました。

1993年7月8日、白鳳丸は東京を出港。シンガポールに寄港後、スンダ海峡を抜けて、インド洋に入りました。航跡を図2-2に示します。調査の途中で、ポートルイス（モーリシャス）に一度寄港しましたが、これは燃料や食料を補充するための中休みです。

2-3 海底温泉の〝兆候〟をつかむには?――「煙突からたなびく煙」を探せ!

インド洋に入った白鳳丸の船上では、乗船研究者が専門分野ごとのグループに分かれ、観測の本格的な準備作業に取りかかります。

各グループを紹介しますと、海底地形探査班(詳しい海底地形図の作成)、地震観測班(海底地震計の設置と回収)、岩石探査班(海底岩石の採取と記載)、化学観測班(海水採取と化学分析)、深海ビデオ映像班(海底撮影と生物調査)……といった具合です。海底の火山や熱水活動を調査する目的に照らせば、理想的なグループ構成といえるでしょう。国際的な計画なので、アメリカから2名、フランスから1名の研究者も加わり、賑《にぎ》やかでした。そして、全体を統括する主席研究員を前述の玉木・藤本両博士が共同で務めました。

手前味噌になりますが、ぼくの関わった化学班による観測作業のようすをお話ししましょう。いや、その前に、海底温泉(海底熱水活動)とは、そもそもどのようなものなのかについて触れておくべきですね。拙著『太平洋 その深層で起こっていること』をお読みくださった方には繰り返しになりますが、後段での話にとって不可欠の内容ですので、同書に掲載した図を再掲しながら、海底温泉のあらましを説明します(図2-3)。

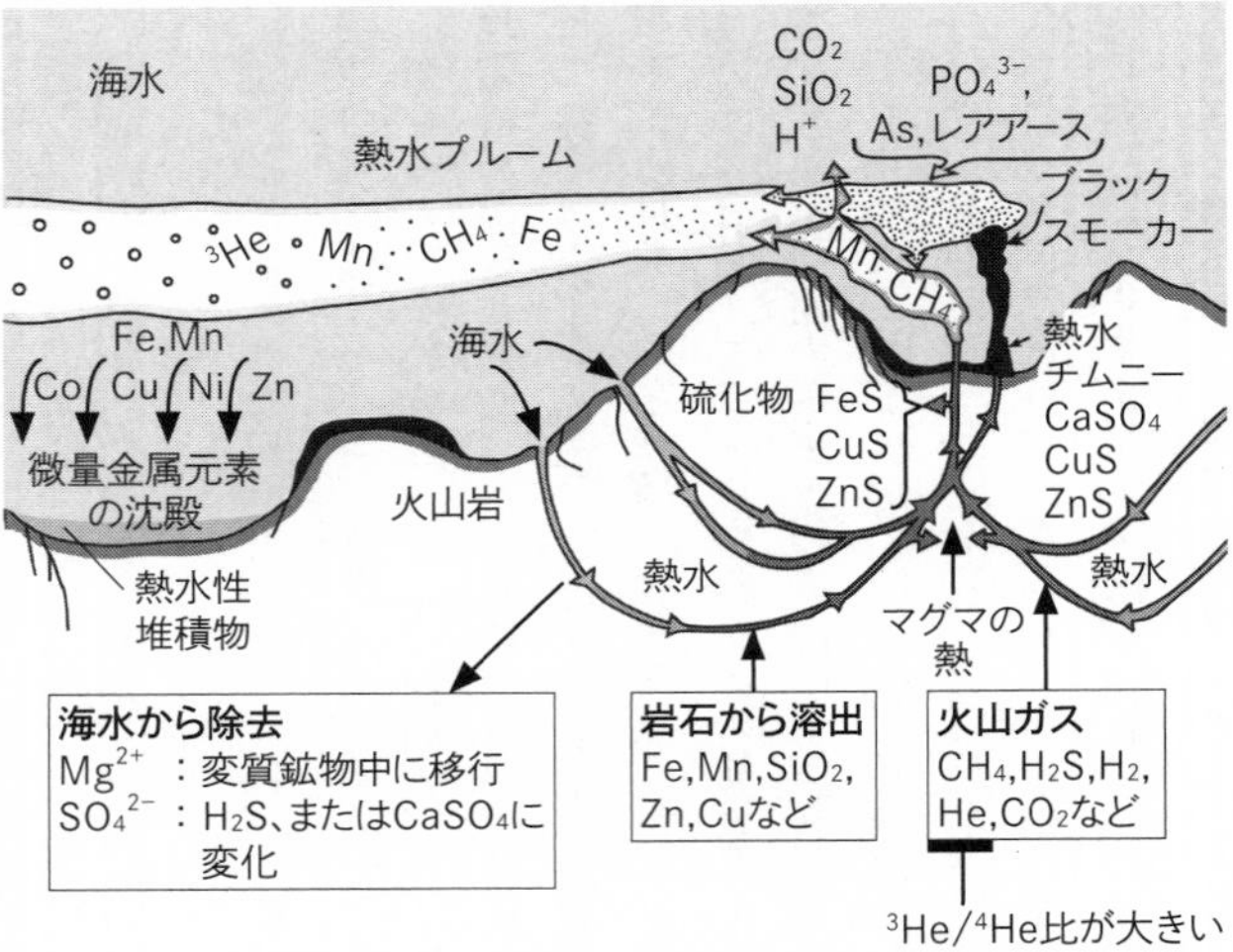

図2-3：深海底の熱水循環のしくみ（G. Massothによる原図を改変）

深さ2000~3000メートルという深海底に接するふつうの海水——水温は2℃くらいと冷たい——が、海底火山の岩石の割れ目から地下にしみ込んでいきます。そのような場所の岩石はマグマが急冷されて固まったものなので、ひび割れが多く、海水が浸入しやすいのです。

しみ込んだ海水は、火山の熱によって加熱されるため、やがて300~400℃といった高温の熱水になり、周囲の岩石とのあいだで活発な化学反応を起こします。その結果、図2-3に示したように、さまざまな化学成分が熱水に付け加わったり、あるいは逆に熱水から取り除かれたり、さらに火山ガス成分が溶け込んできたりします。

こうして熱水の化学組成は、もともとの海水とは似ても似つかぬものに変わってしまいます。そして高温で軽い熱水は浮力を得てしだいに上昇し、ついに海底から噴き出すことになります。

噴き出した熱水は、周囲の冷たい海水と急激に混合しながら浮き上がっていきます。噴出したばかりの熱水から、大量の鉄や亜鉛などの重金属元素が硫化物や酸化物として瞬時に沈殿すると、熱水は真っ黒ににごるため「ブラックスモーカー」とよばれます。上昇とともに熱水の希釈はどんどん進み、海底面からおおよそ数百メートルに達したあたりで、熱水は周囲の海水と温度(正確には密度)が等しくなります。こうして浮力を失った熱水は、その後は等密度面を水平方向に拡がっていくしかありません。

この頃になると、熱水はすでに、当初の1000~1万倍以上に薄まっています。この、希釈された熱水塊のことを「熱水プルーム」とよびます。陸上の煙突を思い浮かべてみてください。煙突の煙が最初は上昇し、ある高さから水平方向にたなびいていくのと、熱水プルームはよく似ていませんか。

じつは、この熱水プルームが、海底温泉を見つける際に、たいへん重要な役割を果たしてくれます。

海底温泉は、深海底のごく狭い面積(たとえばテニスコートくらいの広さ)に集中しています。そんなごく局所的《ローカル》な現象を、はるか数千メートルも離れた海面上からいきなり突き止めようとしても、まず無理でしょう。

ではどうすればよいか？

熱水プルームをまず見つけるのです。熱水プルームは、海底温泉の周囲（半径数キロメートルからそれ以上）の四方八方にぐるりと広がります。どこでもいい、その一端でもキャッチできればしめたもの。後はその源へとたどっていけば、いずれ必ず、海底温泉に到達できるというわけです。

熱水プルームは、もともとの熱水が、前述したように10^3〜10^4倍以上と著しく薄められていますが、それでもなお、当初の熱水中に、海水の10^6倍以上などというべらぼうな高濃度で存在している化学成分——鉄（Fe）、マンガン（Mn）、メタン（CH_4）などがこれにあてはまる——に注目すれば、濃度異常を検出できる可能性があります。

熱水プルームはまた、細かい粒子（前述した硫化物や酸化物など、熱水由来の沈殿物）によってたいていの場合にごっています。そこで、海水のにごり具合（透過度、すなわち透明度のこと）も重要な手がかりとなります。

2-4 ロドリゲス三重点に到着！——いざ観測開始

白鳳丸には、それまでの熱水探査の経験や知識に基づき、熱水プルームの観測に必要な装置や、船上で使用する分析機器などが周到に整えられ、積み込まれています。インド洋を横断し、いよいよロドリゲス三重点に到着しました。そこでおこなった具体的な観測内容についてお話ししましょう。

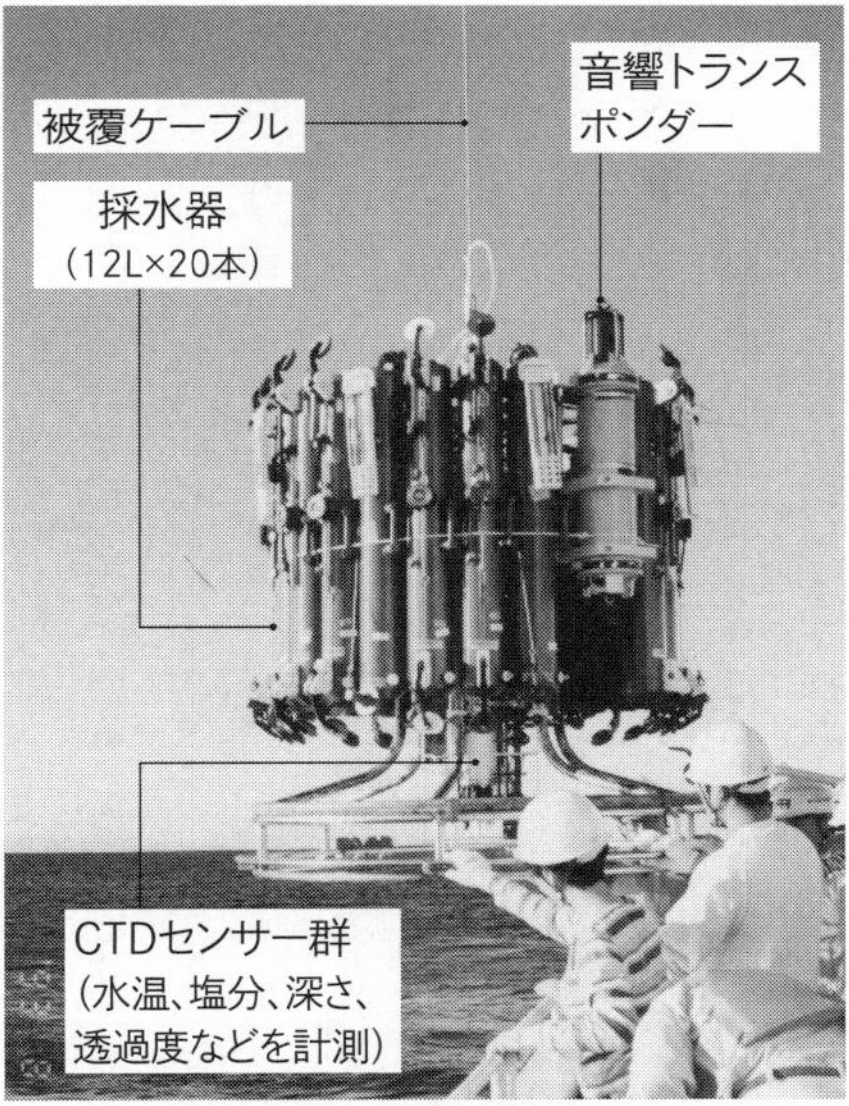

図2－4：熱水プルーム探査に用いたCTD採水装置

船の上から観測装置を海中に降下させ、熱水プルームの存在を迅速につかむには、感度の高い現場センサーが有効です。そして、本当に熱水プルームかどうかを判定するために、同時に海水試料を採取して化学分析し、熱水に特有の化学成分が含まれていることを確認しなければなりません。

図2－4に掲げたのは、この航海で、ぼくたちが20回以上も海中へ降下させた観測装置です。多数

の海水試料が1回の観測で採取できるよう、採水器（細長いプラスチック製の円筒容器で、両端にバネで開閉するフタがついている）をぐるりと約20本装着し、さらに採水器の下側には、海水の性質（水温、塩分、透過度など）を、高精度でその場で計測できるセンサー群を取り付けました。

熱水プルーム内では、水温が少し高いことが当然、期待されます。また、透過度（透明度）が低いこともあります。前節でも述べたように、熱水プルーム中は熱水から沈殿した細かい粒子が漂っていることが多く、そのにごりが透過度を低下させるからです。

透過度計をはじめとする現場センサーのデータは、装置全体を吊《つ》り下げている被覆ケーブル（頑丈な金属線で被覆された電線）を通じて、リアルタイムで船上の研究室へと送られてきます。それらをたえず注視し、データに異常が見つかれば、すかさず電気信号を送って採水器のフタを閉めます。化学分析用の海水を採取するためです。

注目するのは、熱水に特有の鉄やマンガン、メタンガスなど。これらを船上で、すぐに分析しなければなりません。そのために化学分析装置と分析担当者が、船上実験室でつねにスタンバイし、海水試料が届くのを待ちかまえています。

分析を急ぐのは、これらの分析データから、熱水プルームがあるかないか、またプルームを追跡している場合は、その源へ近づきつつあるかどうか（つまり、化学的な異常が強まる方向へ確かに向かっているかどうか)を、ただちに判定したいからです。そして、その結果を受けて、次の観測点をどこにすべきか、主席研究員に提案しなければなりません。

2-5 「なんじゃ、こりゃあ?」——予想外の深度に現れた異常値

ロドリゲス三重点付近の海底拡大軸に沿って、あちこち位置を変えては図2-4に示した装置を海底まで降ろし、熱水プルームにぶつかることを念じながら、観測を繰り返しました。しかし、残念ながら最初の5回は空振りでした。ここが我慢のしどころと思いながらも、しだいにストレスがつのります。

待望の異常シグナルが見つかったのは6回めの観測で、ロドリゲス三重点から北に30キロメートルほど離れた場所でのことでした。海水の透過度が明らかに低い層を検出したのです。いまでこそ冷静に記述できますが、じつはそのとき、危うく見逃しかねないところでした。透過度の異常ピークが、とんでもなく浅い深度に現れたからです。

図2-5が、その際のデータです。深さ4200メートルの海底拡大軸から、なんと2000メートルも上に、透過度異常(熱水プルーム)がありました。

「なんじゃ、こりゃあ?」

思わず、こう口走っていました。

過去の研究例を見るかぎり、熱水プルームはたいてい、海底から200～300メートルくらいの高さに漂っています。まれに、「メガプルーム」とよばれる一時的な巨大プルームが発生す

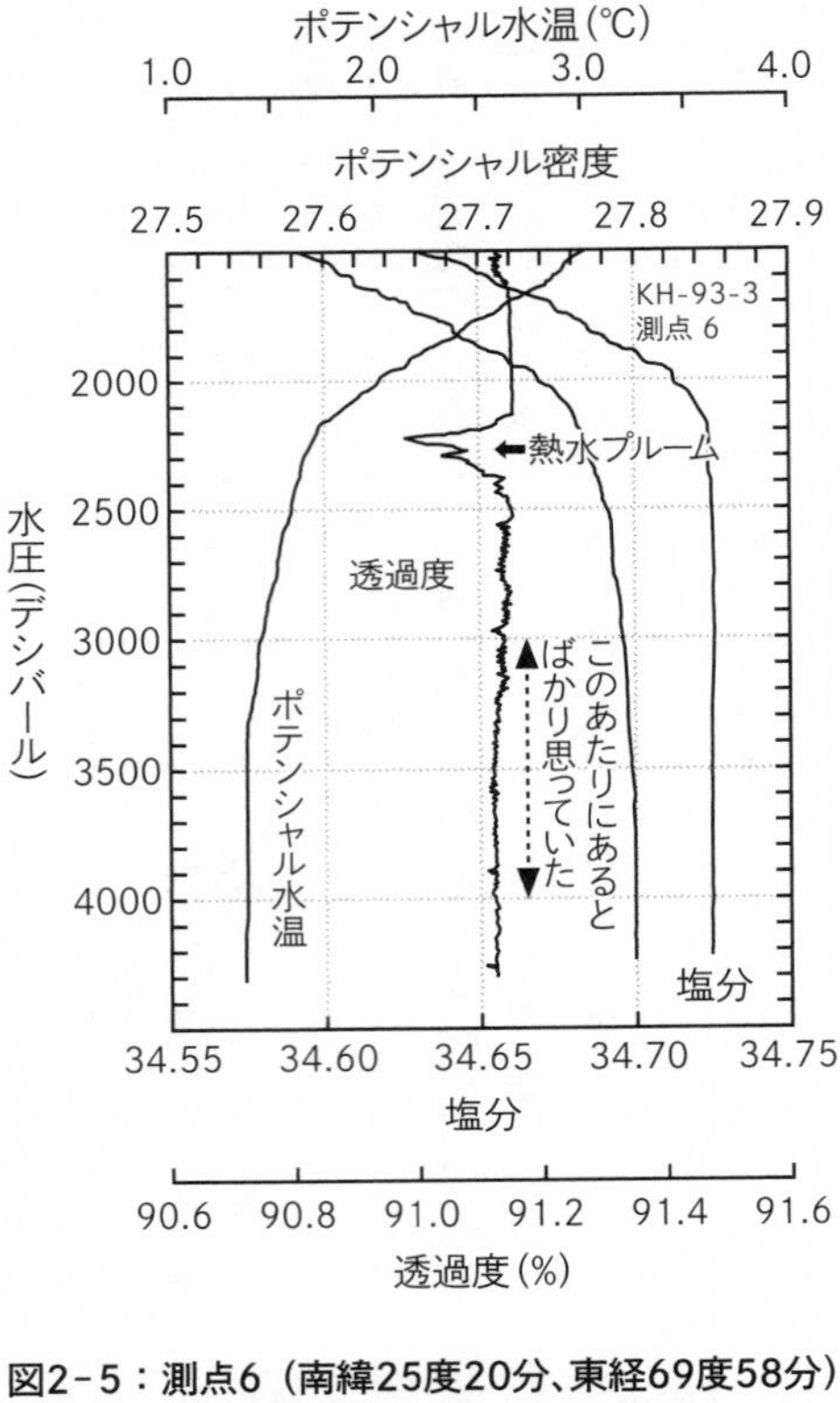

図2-5：測点6（南緯25度20分、東経69度58分）で最初に見つかった熱水プルーム（透過度の異常ピーク） 縦軸の水圧(デシバール)値は、深さ(m)に比べ1 ～ 2%大きい(Gamo *et al.* (1996)より)

ることもありますが、その場合でも、海底上1000メートル程度の高さにとどまるのが通常です。

その先入観から、「水深が4200メートルなのだから、熱水プルームがあるとすれば深さ3000メートルから下に違いない」と思い込み、そのあたりの深度範囲で特に気合を入れて、透過度計の出力を凝視しつづけていたわけです。

幸い、浅い部分のデータからも目を離さずにいたため、〝失態〟を演じずにすみましたが、「何事にも思い込みは怖い!」と、気を引き締めたことをよく覚えています。

この透過度異常層が、確かに熱水プルームであることは、採取した海水を分析してすぐに証明できました。メタンも鉄もマンガンも、どれもがみな、通常の海水に比べてはるかに濃度が高かったからです。

これで、海底温泉の「尻尾」をつかみました。あとは、この観測点の近傍で重点的な観測をおこない、熱水プルームを手繰り寄せていくだけです。気分的にずいぶん楽になりました。

2-6 秘策Tow-Yo観測法

熱水プルームの見つかった観測点は、まさに中央海嶺の中軸谷《ちゅうじくだに》(山頂部が谷状に陥没している

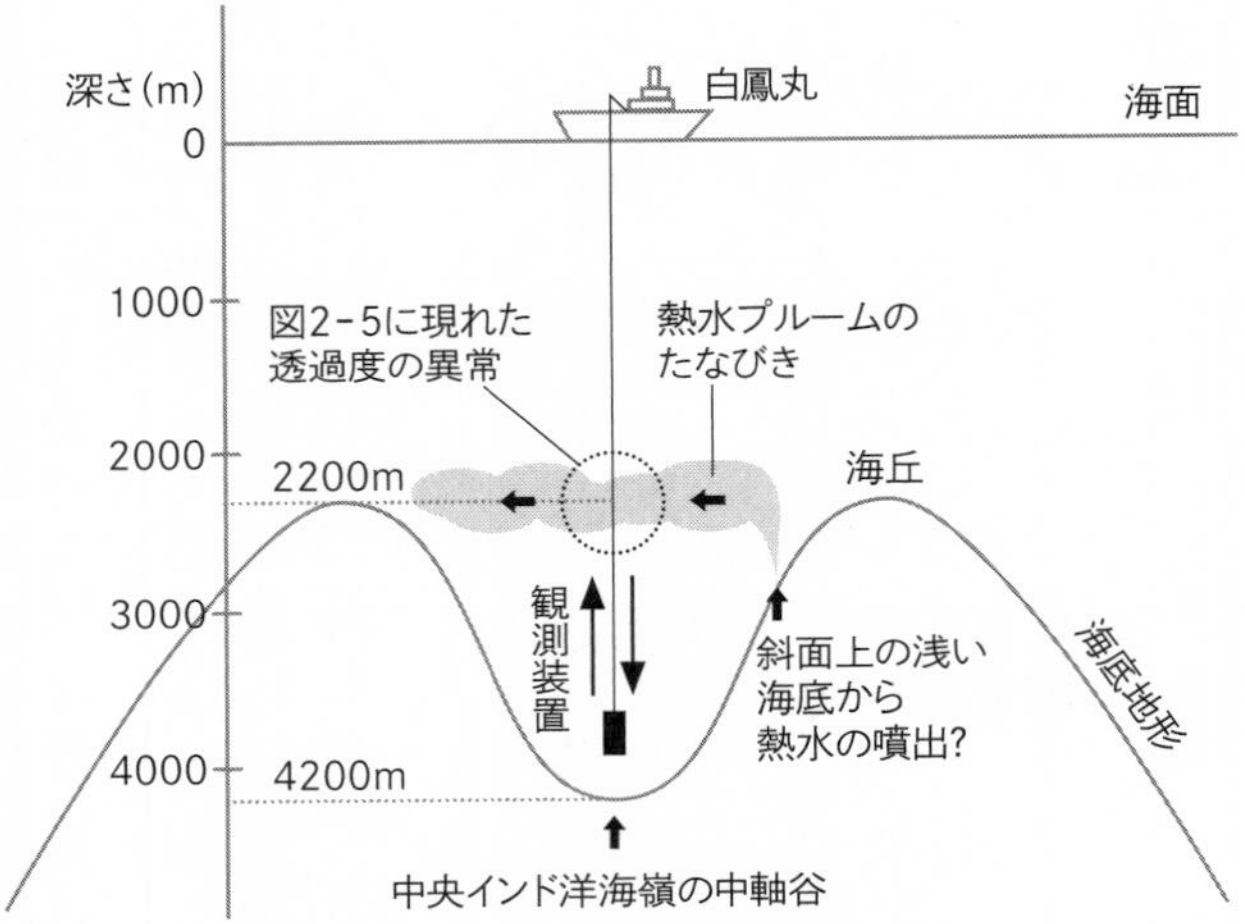

図2-6：熱水プルームの想像図　中央海嶺の谷底ではなく、周囲の斜面上部に熱水噴出口があれば、谷底のはるか上層に熱水プルームがたなびいていてもおかしくない状況を示すイメージ図

箇所）の直上で、その両側は、ゆるやかな斜面が続いて浅くなっていきます（図2－6）。この深い谷底から熱水プルームが2000メートルも浮き上がっているとは考えにくいので、おそらく斜面のどこか上方に熱水噴出口があり、そこから立ち上った熱水プルームが、横方向に移動して、中軸谷の上まで漂ってきたのだろう、という作業仮説を立てました。

しかし、乗船研究者のなかには、海底温泉は中央海嶺の中軸谷にあるはずだ、と強硬に主張する人もいて、なかなか仮説を受け入れてもらえません。

こうなったら、観測データによる実証あるのみ。しかし、時間は限られています。そこで、とっておきの奥の手を出すことにしました。奥の手とは、〝Ｔｏｗ-Ｙｏ（トーヨー）〟と名付けられた観測手法です。

この方法の原理を、図２-７ｂに示しました。図２-７ａは通常の観測方法で、船をあちこちで停止させては、観測装置を上下するやり方です。時間がかかります。

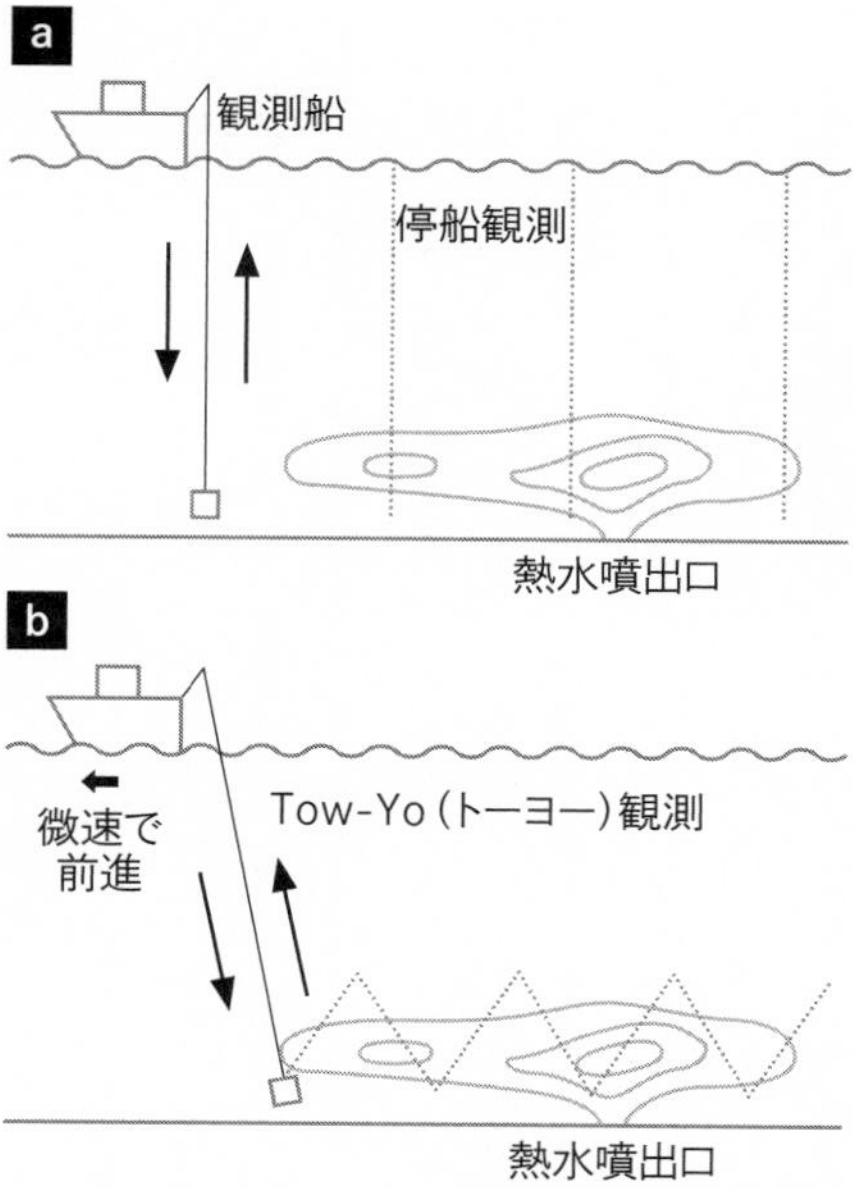

図2-7：熱水プルームのマッピング法　a通常の停船観測、bTow-Yo観測法

一方のＴｏｗ-Ｙｏ観測法は、研究船から観測装置を曳《えい》航《こう》（Tow）したまま、船をゆっくりと一方向に移動させます。そして装置を、ヨーヨー（Yoyo）のように上げたり下げたりするのです。

海中にある装置は、船の移動とともにジグザグのパターンを描くことになるので、短い時間で、熱水プルームの全貌がつかめるという巧妙な手法です。
Ｔｏｗ-Ｙｏ観測法においては、海中にぶら下げた観測装置の刻々の位置の変化を、たえず正確に把握しなければなりません。そのために必須の機器が「音響トランスポンダー」です（61ページ図２-４参照）。船の位置はＧＰＳで正確にわかりますが、何千メートルも下の海中にぶら下げた装置は、海流で流されたりするため、船の真下にあるとは限りません。そこで、音響トランスポンダーが船とのあいだで音波をやりとりし、観測装置が「いま、どこにあるのか」を正確に知らせてくれます。こうして、熱水プルームの位置や形状が正しくマッピングできるというわけです。

海外では１９８０年代中頃から、海底熱水の探査にしばしば使われてきた手法です。しかし日本の船では、まだ誰も試したことがありません。ぼく自身も、論文で読んだことがあるだけでしたが、まだ竣工４年のハイテク研究船・白鳳丸なら、この〝奥の手〟がきっとうまくいくだろうと考えました。

観測装置をぶら下げたまま船を動かすには、高度な操船技術が同時に必要です。海流や風の向きを考慮したうえで、ケーブルが舷側や船底をこすらないよう、特に注意しなければなりません。万一、ケーブルが傷ついて破断でもしたら、一巻の終わりだからです。

白鳳丸の当直航海士のみなさんには過度の緊張を強《し》いたことと思いますが、「これぞプロ」という完璧な操船をしてくださり、初の試みにもかかわらず、観測はスムーズに進みました。

2-7 斜面上方の海丘を目指して――メタンとマンガンの性質の違いを活用

Ｔｏｗ‐Ｙｏ観測による結果は上々でした。図２‐６の予想が的中し、熱水プルームと思《おぼ》しきにごった水が、中軸谷の東側斜面の上へ続いていることが確認できました。これに力を得て、Ｔｏｗ‐Ｙｏ観測をさらに３回おこないました。

計４回のＴｏｗ‐Ｙｏ観測ルートを、海底地形図の上に重ねたのが図２‐８です。透過度計によって熱水プルームを検出するごとに海水試料を採取しました。その採取位置をアミで描いた丸で示しています。斜面の最上部まで登った４回めのＴｏｗ‐Ｙｏ観測（Tow-Yo-４）で、最も強い透過度異常を観測しました。いよいよ、海底温泉が近いのでしょうか……？

いや、早合点は禁物です。

透過度は、熱水プルームの兆候をとらえるよい指標ですが、熱水の直接的な証拠になるのは、やはり海水中の化学成分です。海水の透過度は、強い底層流などの影響で、海底の泥が舞い上がることによっても低下してしまうからです。

はたして化学分析の結果は――？　大丈夫でした。鉄もメタンもマンガンも、すべて高い濃度

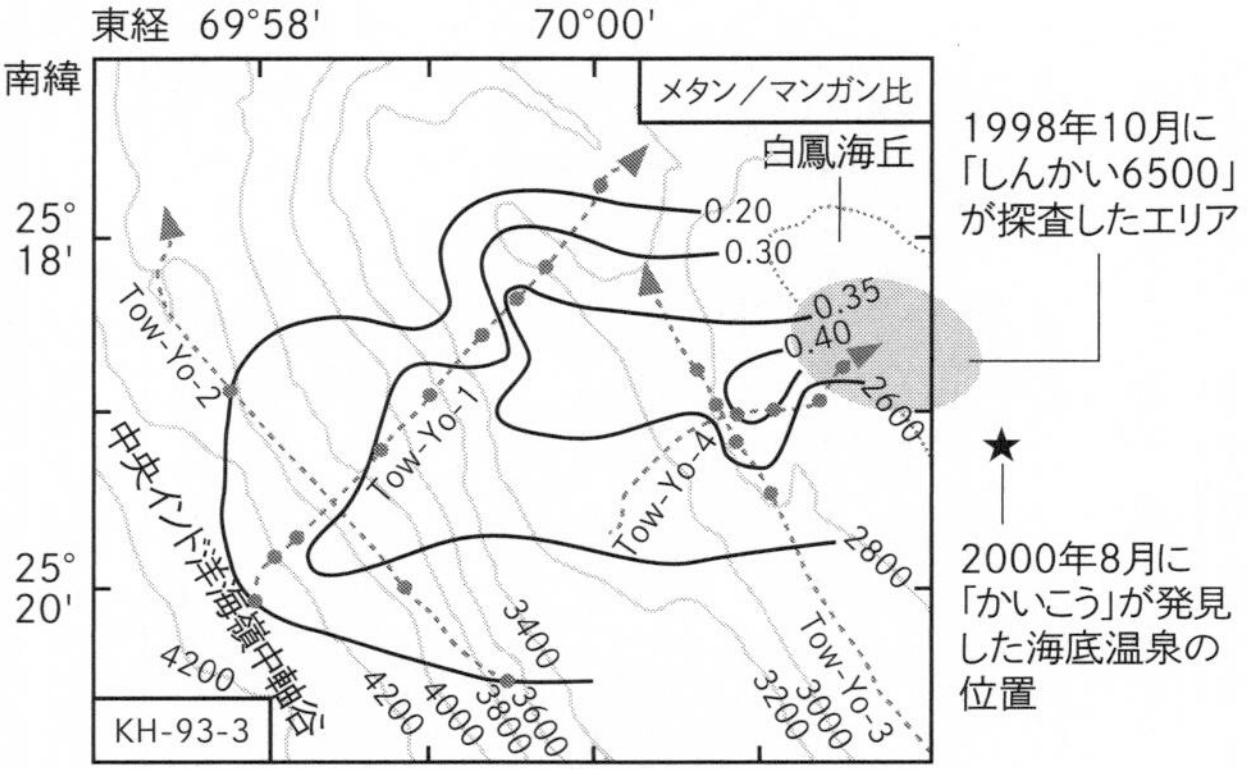

図2-8：4回のTow-Yo観測のルート（矢印つきの破線）と、熱水プルーム内のメタン／マンガン比　海底地形図の数字は深度（m）を示す。左下の深度4200mより深い溝が海嶺中軸谷。★で示した海底温泉は、枠外の南緯25度19.17分、東経70度2.40分に位置している（Gamo *et al.*（1996）より）

異常値が検出され、思わずガッツポーズが出ました。

あとは、斜面の上方ほど熱水プルームが若い（新しい）ことを示し、ダメを押したいところです。そこで注目したのが、熱水プルーム中のメタンとマンガンの組み合わせでした。

メタンもマンガンも、それぞれ単独で熱水プルームのよい指標となりますが、両者の化学的性質に違いがあるために、時間の経過とともに「減り方」に差が出てくるのです。どういうことでしょうか。

メタンもマンガンも、熱水プルームが拡がっていくにつれて海水による希釈を受け、濃度が低下していきます。これは両者に共通しています。ところがメタンは、さらに微生物によって分解されることでも、その濃度を減らしていきます。つまり、メタンのほうが、マンガンよりも減り方が速いのです。

したがって、両者の濃度比(メタン/マンガン比)をとってみれば、若い(熱水噴出口に近い)熱水プルームほどメタンの残量が多いので、この値が大きくなるはずです。早速、Tow-Yo観測中に採取したプルーム海水のメタン/マンガン比を海底地形図の上にプロットし、値の等しいところをラインでつないでみました(図2-8)。

果たせるかな、斜面を登り切ったところにある海丘《かいきゅう》(深さ2600メートルの等深度線で囲まれた部分で、のちに「白鳳海丘」という名前がつきました)の手前で、メタン/マンガン比は最大値(0・40)を示し、そこから西(図2-8の左の方向)に向かって減少する——つまり、プルームが古くなっていく——傾向が見事に現れました。

海底温泉がこの海丘のどこかにあるのは、これでもう間違いありません。

この海丘でさらに集中的な観測を続け、海底温泉の位置をもっと絞り込めればなおよかったのですが、ぼくたちはすでに疲労の極に達しており、また、白鳳丸の観測日程もほぼ尽きる時点にいたっていました。

「次は潜水船と一緒にここに来よう!」

疲労と満足と期待の入り交じった、複雑な思いを胸に調査海域を離れ、白鳳丸は一路、日本への帰国の途につきました。55ページ図2－2に示したように、インド洋を北東向きに横断し、最後の寄港地となったマレーシアのペナンでは、少しのんびりと休息をとることができました。

2-8 苦杯をなめた「しんかい6500」での潜航調査

我が国では、国立研究開発法人海洋研究開発機構（JAMSTEC：Japan Agency for Marine-Earth Science and Technology）が、さまざまなタイプの潜水船を海洋の基礎的な研究のために運航しています。

ひと口に「潜水船」といっても、人が乗るものと乗らないものの2種類があります。前者が「有人潜水船」で、世界の海で活躍する「しんかい6500」（その名のとおり、深さ6500メートルまで潜ることができる）をご存じの方も多いことでしょう。

「しんかい6500」では、研究者1名とパイロット2名の計3人が直径2メートルの球状の耐圧殻に入り、深海底を自由に動き回りながら、肉眼で海底を観察したり、ロボットアーム（マニピュレーター）を操って試料採取などの海中作業をおこなったりできます。

人が乗らないタイプは「無人探査機」とよばれ、母船と接続したケーブルを通して遠隔操作する「有索」タイプ（ROV：Remotely operated vehicle）と、独立して潜航できる「無索」タイプ（AUV：Autonomous underwater vehicle）の2種があります。後者は、「自律型海中ロボット」ともよばれます。

「有索」無人探査機＝ROVでは、ケーブルによって伝送される海底の映像を、船上の研究室でリアルタイムで見ながら、マニピュレーターを遠隔操作してさまざまな海底作業をおこなうことができます。一方の「無索」探査機＝AUVは、あらかじめ決められたコースを移動しながら地形探査や現場化学分析ができるので、熱水プルーム調査は可能ですが、着底して試料採取をおこなうのはまだ難しいようです。

図2－9：潜水船「しんかい6500」（筆者撮影）

さて、白鳳丸の航海から5年後の1998年10月、ぼくは「しんかい6500」（図2－9）を搭載した深海潜水調査船支援母船「よこすか」（4439トン）に乗船し、ロドリゲス三重点を再度、訪れる機会を得ました。いよいよ、第二幕の開始です。

この調査は、「しんかい6500」による世界一周（MODE'98）航海の一環として実施されたもので、「しんかい６５００」にとっては初めてのインド洋での潜航調査でした。調査の主眼は南西インド洋海嶺に置かれていましたが、ロドリゲス三重点も潜航海域に加えてもらうことができました。

割り当てられた潜航はわずか3回（海況が悪く、うち1回はキャンセルされることになります）でしたが、それでも待ちに待ったチャンスの到来です。１９９３年の白鳳丸航海で強い異常を検出したエリア（70ページ図２‐８にアミカケの楕円で表示）を中心に詳細な海底地形図を作成し、潜航ルートをあれこれ検討しました。

使い慣れた熱水採取装置（深海ポンプによって熱水を吸入採取する自前の装置）を「しんかい６５００」にしっかり装着し、暗黒の海底面をひたすら、歩くほどの速さで動き回ります。観察窓に顔を押しつけ、強力なライトによって照らし出される前方と左右それぞれ10メートル程度を、目を皿のようにして探すのです。

しかし、なんとも残念ながら、海底温泉の発見にはいたりませんでした。

以下は、ぼく自身が潜航した当日、１９９８年10月14日の日記です。

「インド洋で初の海底熱水系を発見する！　まさにビッグチャンスがすぐ目の前にぶら下がっている。芯から楽天的な私は、きっと見つかると信じ、『しんかい６５００』潜航を開始した（9時56分）。

11時6分、着底（2577メートル）。予定のコースに入る。最初の斜面上昇。見つからず。北側の斜面を見る。見つからず。もう一度南に戻って尾根の部分を見る。見つからず。さらに南に下がり、ふたたび斜面を上がる。見つからず。西側へ移動する。見つからず。残り時間はあとわずか。最後に海丘の頂上を目指す。しかし登り切れないうちに作業時間（5時間）が尽きた。『しんかい6500』はバラスト（浮力調整用のおもり）を落として浮上を開始。まさに疲労困《こん》憊《ぱい》、頭の中が真っ白だ」

「見つからず」と繰り返し記していますね。当時の落胆ぶりがよみがえってきます。

一方で、収穫もありました。「この海丘のどこかにある」という確信が強まったことです。「しんかい6500」に取り付けた透過度計によって、白鳳丸で得た観測値よりも数倍強い透過度異常が、この海丘の直上付近で検出されたのです。

文字どおりの、「あともうひと息」でした。

「次に来られるのは、いつになるだろうか……？」

寄港地であるモーリシャスで下船し、日本に向けて飛び立った帰国便の機内で頭に浮かぶのは今後のことばかり。「しんかい6500」は人気が高く、そうひんぱんには乗船チャンスは回ってこない。しかも、日本からインド洋まで行くとなれば、長期間の航海日数を確保する必要もある。レベルの高い研究計画書を作成し、他の研究者との競争に勝ち抜けるかどうか。少なくとも数年はかかるだろう……。

ところが、思いもかけないところから、次のチャンス（第三幕）がめぐってきたのです。

2-9 無人探査機「かいこう」での挑戦

2000年に入ってすぐの頃、その年の夏に、無人探査機「かいこう」（図2-10）がロドリゲス三重点を探査するらしい、という情報が飛び込んできました。

「かいこう」は当時、世界最深のマリアナ海溝チャレンジャー海淵《かいえん》（深さ1万920メートル）にも潜った実績をもつ、世界で唯一の、超深海用（フルデプス）無人探査機（ROV）でした（その後、2003年に、非常に残念なことにケーブルの断線事故が起こり、四国沖で失われてしまいます）。

深海生物学を専門分野とするJAMSTEC深海研究部の橋本惇博士が、ロドリゲス三重点付近の海底に生息する、未知の熱水生物群集に注目しました。そして、橋本博士を計画のリーダーとして、ROV「かいこう」を搭載した深海調査研究船「かいれい」（4517トン）が、インド洋で約1ヵ月間の調査航海をおこなうことになったのです。

まず海底温泉を見つけ出さなければならないわけですが、橋本博士は、ぼくたちが白鳳丸で実施した熱水プルーム探査のことをよくご存じで、「海底温泉の発見にぜひ力を貸してほしい、あわせて熱水の化学的研究もぜひ進めてほしい」と声をかけてくださったのです。異存のあるはずがありません。ぼくは飛び上がる思いで、この航海に参加させてもらうことにしました。

図2-10：無人探査機「かいこう」（筆者撮影）

ただし、問題が一つありました。

海底温泉がうまく見つかったとして、その噴出口から化学分析のための熱水試料をどうやって採取するかです。

「しんかい６５００」ではそれまで、海底温泉の調査を何度もおこなっていたので、「しんかい６５００」用の熱水採取装置は常備していたのですが、「かいこう」ではまだ熱水を採取した経験がありません。「かいこう」は「しんかい６５００」

とまったく形状が違うため、「しんかい6500」用の採水装置を「かいこう」に取り付けることはできないのです。

熱水の噴出口は、いわば細い煙突（チムニー）です。そこから噴出した熱水は、2－3節でお話ししたように、あっというまに周囲の海水によって薄まってしまいます。そうなる前の、純粋な熱水を手に入れるには、噴出口の内側に試料吸入口を差し込み、内部の熱水を強制的に吸い出すしくみをもつ採水器を使わなければなりません。

さて、どうしたものか。

航海は数ヵ月後に迫っています。新たに「かいこう」用に採水装置を設計・製作するのは時間的にとても無理で、予算もありません。しかしこのままでは、たとえ海底温泉が見つかっても、熱水が採取できない――。これでは、なんのためにインド洋まで行くのかわかりません。

「知恵を出せ、知恵を！」（恩師・堀部純男先生の口癖が聞こえてきます）

そこでハッと思いついたのが、アメリカの潜水船「アルビン」号がいつも使用している、チタン製の注射器型採水器でした。強力なバネの張力を利用して、熱水を吸い込むしくみです。以前に、「しんかい2000」（JAMSTECが最初に運航した有人潜水調査船で、2000メートルまで潜ることができる）で使用しようと、アメリカから購入したものの、「しんかい2000」の1本しかないマニピュレーターではうまく扱えず、放置してあったのです。「しんかい650

0」用の採水器とほぼ同じ、750ミリリットルの熱水が採取できます。「あれを改造しよう。『かいこう』には2本のマニピュレーターがある。片手で採水器を保持し、もう一方の手で採水器を作動させるしくみにすればいい」

泥縄もいいところでしたが、なんとか改造が間に合い、出港直前の「かいれい」に積み込むことができました。

2000年8月3日、オーストラリア北西部にある鉄鉱石の輸出港・ポートヘッドランドを出港した「かいれい」は、ほぼ真西に針路をとり、1週間後にロドリゲス三重点に到着しました。橋本首席研究員の優れたリーダーシップによって、白鳳海丘の海底地形探査やディープ・トウ(曳航探査装置)による熱水プルーム調査が進み、海底温泉のありそうな場所が、確実に絞り込まれていきます。

そしていよいよ、「かいこう」による本格的な潜航調査の始まる日(8月23日)がやってきました。

2-10 「天国と地獄」を味わった一日——潜航調査に消滅の危機

それまで「かいこう」は、「かいれい」の広い格納庫にしっかりと固定されて出番を待っていたのですが、午前8時頃、「かいこう」の固縛が解かれました。「かいこう」を載せた台車が、格納庫から後部甲板へと移動していきます。ところが、その動きが急に止まってしまいました。「おや?」と思う間もなく、「かいこう」運航チームや乗組員たちが、慌ただしく格納庫の奥へと駆け出していくのが見えました。

まったく想像もしていなかったたいへんなことが起こっていたのです。「かいこう」は頑丈なケーブルで海中へ吊って降ろしますが、甲板上でそのケーブルを取り回すための水平シーブ(滑車)の一つが、不自然に傾いていました。折れたのでしょうか。ケーブルを繰り出せなければ、「かいこう」を吊ることができません。むろん、海中へ降ろすことも不可能です。

緊急の研究者ミーティングが招集され、悲痛な表情の橋本首席が開口一番、こう告げました。「最悪の事態です。本航海では、『かいこう』は潜航できそうもありません」一同唖然《あぜん》とし、誰もが「これで一巻の終わりだ」と凍りつきました。航海の日程は、まだ10日間ほど残っています。しかし、「かいこう」が使えなくては、海底温泉の発見はおろか、海底試料の採取すらできないでしょう。

洋上での修理が不可能となれば、このまま探査は打ち切りで、航海終了となってしまうのだろうか——。ぼくたちは祈るような気持ちで、時折流れてくる情報に、耳を欹《そばだ》てました。

「いま機関部で、水平シーブのあたりをばらして調べていますが……、難しそうですね」

「鉄板の腐食らしい。別の鉄板で作り替えたら、という案が出ています」

「変形しないように、少しずつ慎重に溶接しているそうです。もしかしたら……」

そして、午後9時頃のことだったでしょうか、

「修理できました！　もう、大丈夫です！」

と、橋本首席の弾んだ声が、居住区の廊下に響きわたりました。あちこちの船室から、安堵《あんど》の表情を浮かべた研究者たちが飛び出してきます。

まさに天国と地獄――。夢を見ているかのような一日でした。

「かいれい」の石田貞夫船長や機関部のみなさんが諦めることなく、冷静かつ迅速に対処し、揺れる船の上で、損傷箇所を見事に溶接・修理したのです。

じつは、石田船長はこの2年前におこなわれた、あの「しんかい6500」によるインド洋潜航調査（2-8節参照）でも、母船「よこすか」の船長を務めていました。石田船長の自伝『愛する海』の中には、こう記されています。

「……残された調査日数も後、わずかである。日本からこの遠いインド洋に来て、また二年前のように熱水噴出孔が発見できなくて帰るような事態は避けたかった」

かなりの無理をして、修理してくださったのでしょう。感謝のほかはありません。

2-11 インド洋初の海底温泉をついに発見!

翌日は海況が悪く、潜航は中止となりましたが、翌々日の2000年8月25日は天候が回復し、「かいこう」はなんのトラブルもなく、白鳳海丘の深海底へと降下しました。

しばらく海底付近の観察をつづけた後、水深2450メートルの海丘斜面上で、「かいこう」は見事にインド洋初の高温熱水を発見する快挙を成し遂げました（70ページ図2-8参照）。この熱水活動域（海底温泉）は後日、深海調査研究船「かいれい」の名前にちなんで、「かいれいフィールド」とよばれることになります。

この「かいれいフィールド」発見の学術的な意義をひと言で表すとすれば、「インド洋で最初」という点に尽きるかと思います。太平洋や大西洋と同じ土俵に、ついにインド洋も上ることになり、文字どおり、世界の三大洋がつながったともいえるでしょう。

そして、単に発見したにとどまらず、「そこから熱水、岩石、生物といった研究試料を初めて採取した」ことにも、大きな価値がありました。これらの試料をもとに、さまざまな分野において世界初の研究ができたからです。それまでどこにもなかったものを人類が初めて手に入れたという点では、たとえば「はやぶさ2」が小惑星リュウグウから岩石試料を持ち帰ったことにも匹敵する、海洋科学の大成果だったのです。
「かいれいフィールド」の発見をきっかけに、インド洋での海底調査が堰《せき》を切ったように活発になり、新しい海底温泉や熱水生物群集の発見が相次いでなされます。また、地球上の生命の起源を明らかにする研究に関しても、「かいれいフィールド」は大ヒットを飛ばしました。それは第5章で詳しくご紹介します。

航海の現場に戻りましょう。

その日から、船上の風景は活気あふれるものに一変しました。黒煙をもくもくと吐き出す見事なブラックスモーカーが、「かいこう」総合指揮室の巨大プラズマディスプレイに映し出された瞬間、固唾《かたず》を呑《の》んで見守っていた研究者や乗組員から沸き上がった割れるような歓声は、航海がいよいよ佳境に入ったことを告げる祝砲のようでした。

「かいこう」のマニピュレーターが慎重に操縦され、熱水の噴き出し口にメモリー式水温計が差し込まれます。熱水の温度は、360℃に達していました。

さらに翌26日と翌々日の27日、2回めと3回めの潜航では、改造型アルビン採水器が威力を発揮し、ほとんど純粋な熱水を採取することができました。図2-11は、このとき「かいこう」の深海カメラが撮影した熱水噴出口と、その内部から熱水を採取している採水器のようすです。

熱水噴出口のまわりには、小型のエビがびっしりと張りつき、その直下の海底面には巻き貝が

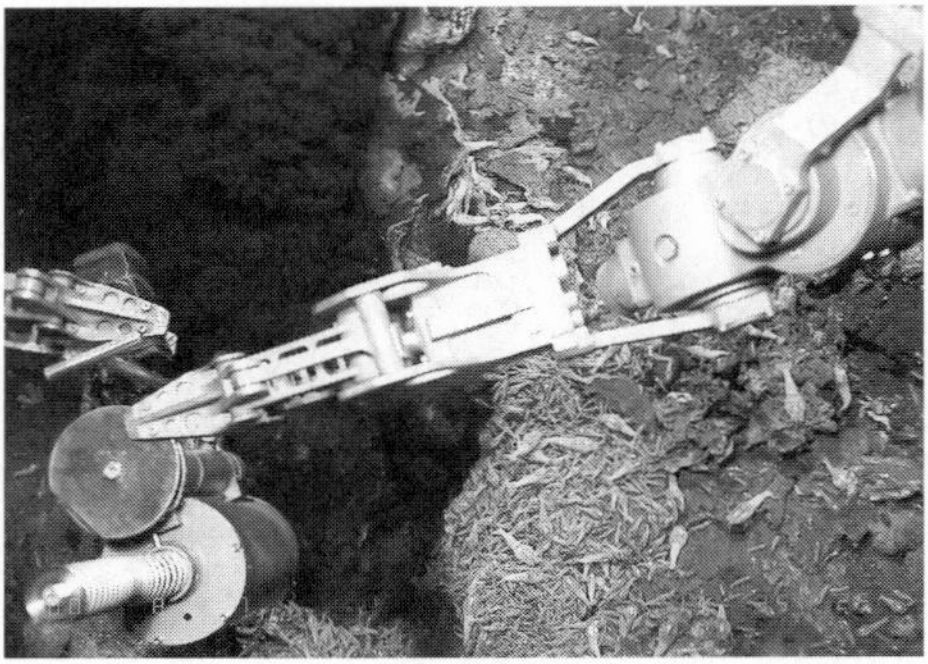

図2-11：「かいれいフィールド」におけるブラックスモーカー熱水試料の採取　ROV「かいこう」の2本のマニピュレーターが、アルビン式注射器型採水器を保持し、作動させている（©JAMSTEC）

ゴロゴロと隙間なく密集していました。このように生物が大群集をつくるのが、海底温泉の大きな特徴の一つです。生き物たちがなぜ、群れをなして集まってくるのかについては、第5章で解説します。

「かいこう」が船上に引き上げられると、研究者は前面のサンプルバスケットに駆け寄ります。ぼくは金塊よりも大切な採水器をしっかり抱えて、船内の実験室に運び込みました。採水器のバルブを開けると、熱水の強い火山ガス臭（硫化水素臭）が、みるみる部屋中に充満！　ふつうなら鼻をつまんで逃げ出すところですが、待ちに待った熱水試料と思えば、悪臭も芳香に変わるのです。

熱水試料を小分けし、早速pHを分析してみると、3・4〜3・8という弱酸性値が得られました。これまでに太平洋や大西洋の中央海嶺系の熱水で計測されている値とほぼ同じ、標準的な値です。熱水の採取に問題はなかったようで、まずはほっとしました。

航海後、持ち帰った熱水試料を本格的に化学分析してみたところ、インド洋の熱水の主要な化学組成は、pHも含め、東太平洋海膨や大西洋中央海嶺における熱水のデータと共通点の多いことがわかりました。中央海嶺という場の設定が共通しているので、インド洋でも他の二大洋と同じような熱水循環が起こっていると考えてよさそうです。当たり前のように感じるかもしれませんが、実際に熱水を化学分析して初めてわかった事実でした。

「かいれいフィールド」の熱水が、確かにマントルから来たマグマの影響を受けているということが、ヘリウムガス（He）の同位体比（$^3He/^4He$比）から立証されました。大気中のヘリウムに比べて8倍という高い値を示したのです。地球深部のマントルに含まれるヘリウムは、地球が誕生した当時のヘリウムを含むので、空気中のヘリウムに比べ、ひと桁高い$^3He/^4He$比をもつことが知られています。まさにそのようなヘリウムガスが熱水から検出されたというわけです。

また、この当時（2000年）は分析できませんでしたが、2002年に「しんかい6500」が同じ「かいれいフィールド」に潜航し、さらに詳しく熱水の化学的性質を調べたところ、水素ガス（H_2）が高い濃度で含まれていることがわかりました。この水素データは「かいれいフィールド」の学術的な重要性を格段に高めることになるのですが、これについては第5章で「生命の起源」に絡めてご紹介します。

ちなみに、このとき使用したアルビン式熱水採水器は、当時ぼくが勤務していた北海道大学の構内にある総合博物館にしばらくのあいだ展示してもらいました。2016年頃まで展示されていましたから、あるいはご覧になった方がいらっしゃるかもしれません。

2-12 探査の進むインド洋

かいれいフィールドの発見の後、インド洋では続々と海底温泉が見つかりました。図2-12は、2020年現在で、論文として公表されている海底温泉の位置と名称、および発見年を、まとめて示したものです。

逆Y字形のインド洋中央海嶺、特に中央インド洋海嶺沿いに、海底温泉の並んでいることがよくわかります。現段階では、南東インド洋海嶺がまだ寂しい状況ですが、今後の調査で発見が相次ぐことを期待しています。

中央インド洋海嶺の「ドードー（Dodo）フィールド」と「ソリティア（Solitaire）フィールド」は、いずれも日本の研究グループが発見した海底温泉です。かいれいフィールドと同じように、2006年に実施された研究船・白鳳丸による観測でまず熱水プルームが見つかり、その3年後に潜水船「しんかい6500」が潜航し、発見しました。

また、最も北側、アラビア半島に接するアデン湾に「アデン新世紀海山」とありますが、ここ

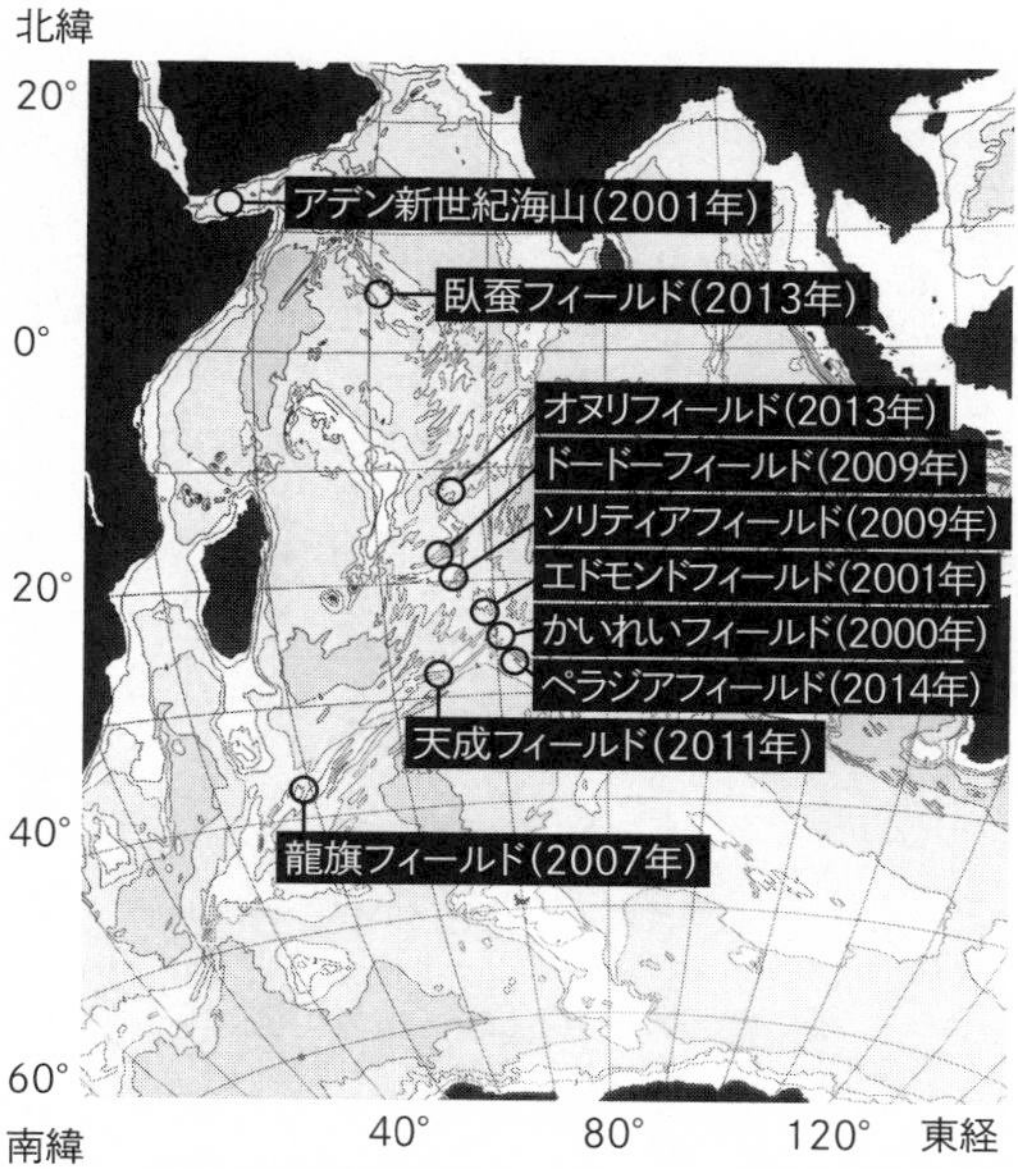

図2-12：インド洋の中央海嶺上で、これまでに見つかっている海底温泉の位置・名称と発見年

も白鳳丸が発見したものです。その発見にいたるまでのスリルに満ちた経緯は、第6章で「海のシルクロード」と絡めてご紹介します。

ぼくたちが「かいれいフィールド」の探索に熱中していた1990年代には、インド洋に研究船を派遣できたのは、日本のほかは欧米の数ヵ国（アメリカ、イギリス、ドイツ、フランス）だけでした。しかし、いまは違います。中国、韓国、インドといった国々が次々と参入し、活発に観測を進めています。

南西インド洋海嶺にある「天成《ティアンツァン》（Tiancheng）フィールド」と「龍旗《ロンチ》（Longqi）フィールド」、および中央インド洋海嶺の「臥蚕《ウォツァン》（Wocan）フィールド」は、いずれも中国の研究船や潜水船によって発見されました（図２－12）。躍進めざましい中国は、最近では南西インド洋海嶺をさらに先へと進み、喜望峰を迂回して南大西洋の中央海嶺まで探査の手を伸ばしています。

このような動きの背景には、将来、陸上の鉱物資源が枯渇したときに備え、深海底の熱水鉱床を確保しようとする国家的思惑があるのでしょう。熱水鉱床とは、58ページ図２－３に示した海底温泉の副産物です。海底下で高温の熱水によって岩石中の有用な金属元素が溶かし出され、上昇する熱水が海底付近で冷やされたときに沈殿する、金属硫化物の塊《かたまり》です。重金属含有量が高い、規模の大きな硫化物鉱床は将来、商品価値が高まると考えられます。

しかし、海底温泉は同時に、生物の宝庫でもあります。熱水鉱床の探査や回収が無節操になされたなら、生物学的な研究が進まないうちに、貴重な生物は絶滅してしまうでしょう。そこで、熱水生物を保護する動きも活発になってきています。

さらに、海底温泉からは原始的な微生物、特に高温環境に適応した微生物が見つかることから、地球上における生命誕生の場として原始の海底温泉に注目が集まっています。これらの生物にまつわる話題は、第５章で詳しくご紹介しましょう。

COLUMN ❷

インド洋から消えた怪鳥「ドードー」を知っていますか?

モーリシャス島にかつて多数生息し、現在は絶滅してしまった「ドードー」という鳥がいます。全長1メートル強と大型の鳥です（図2-13）。

モーリシャス島の東方約600キロメートル、および南西方向約200キロメートルに隣接するロドリゲス島およびレユニオン島にも、よく似た鳥（ソリティアおよびシロドードー）がいましたが、やはり絶滅の運命をたどりました。

ドードーやソリティアの絶滅は、招かれざる客、すなわち人類によって引き起こされたものです。

モーリシャス島に人類が本格的に入植した1598年以後、ドードーが絶滅するまで、わずか80年しかかかりませんでした。当時はまだ写真技術がなく、全身剝製も残念ながら残っていません。あるのは骨格標本と断片的な剝製、それに図2-13に示したような想像図だけです。

天敵もいない楽園に暮らし、大型のため飛ぶこともできず、あまりに無防備の鳥だったのでしょう。乱獲され食用にされたほか、人類が持ち込んだ犬や豚、鼠《ねずみ》などによって雛《ひな》や卵が食い荒らされました。森林が農園へと開墾され、生息地を奪われたことも、絶滅を早める結果となりました。

もし現在、ドードーがごく少数でも生息していたなら、国際自然保護連合（ＩＵＣＮ：International Union for Conservation of Nature and Natural Resources）の絶滅危惧種に指定され、手厚い保護を受けているに違いありません。

「かいれいフィールド」に続き、日本チームが発見した2ヵ所の海底熱水活動域を「ドードーフィールド」「ソリティアフィールド」（図2－12）と命名したのは、調査航海の首席研究員だった玉木賢策（１９４８～２０１１）でした。人類の身勝手によって絶滅を余儀なくされた鳥たちに対し、哀悼の意を表したのです。


ところで、話は変わりますが、ドードーと日本とのあいだに、意外なつながりのあることが最近、明らかになりました（川端、2020a; 2020b）。なんと、生きたドードーが日本にやって来ていたというのです。

もちろん現代の話ではなく、江戸時代の１６４７年のこと。モーリシャスに寄港したオランダ船に乗せられたドードーが、波濤万里《はとうばんり》、長崎の出島に到着したとみられています。

ドードー研究の泰斗・蜂須賀正氏《まさうじ》（１９０３～１９５３）が、オランダ東インド会社総督から日本のオランダ商館に宛てた書簡（１６４７年）の中に「ドードー送る」と記されているのを、１９５３年に発見しました。蜂須賀の死後、話はいったん止まっていましたが、２０１４年になって、オランダ商館長日記を熟読したオランダ人画家、リア・ウインターズ（アムステルダム大学の図書館員でもある）が、同じく１６４７年の日記の中に「（長崎で）ドードーを受け取った」としっかり記されているのを見つけたのです。

図2-13：絶滅したドードーの想像図（イギリスの動物画家・フレデリック・ウィリアム・フロホークによる）

まもなく絶滅することになる貴重なドードーが、モーリシャスから遠く離れたこの日本で、その後どのような運命をたどったのかは、いまのところ追跡できていません。江戸で将軍が受け取ったという記録はないようなので、江戸に向かう途中のどこかで死んだのか、あるいは当時の長崎奉行など地方の有力者の手に渡ったのか、それとも出島ですぐに死んでしまったのか、想像は縦横にめぐりますが、決め手になる文書記録や骨などはいっさい見つかっていません。

日本人にとっては奇妙奇天烈《きみょうきてれつ》な、まさしく怪鳥ですから、もし一般に公開されていたら、たいへんな話題になっていたはずです。どこからか、誰かの日記とかスケッチなど、手がかりに

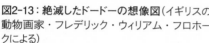

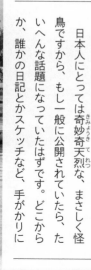

なりそうなものが、ひょっこり出てきてもよさそうなのですが。

ところで、川端（2020a; 2020b）によれば、今世紀に入ってからイギリス、オランダ、日本などの国際チームが、モーリシャス島でドードー遺物の発掘を熱心に進めています。その先駆けとなったのが、一般財団法人進化生物学研究所の創設者である近藤典生（1915～1997）による1993年の現地調査で、そのときドードーの骨の破片が見つかっているそうです。

1993年といえば、本章で述べた白鳳丸航海で初めてモーリシャスに寄港した年です。なにかふしぎな因縁があるのでしょうか。

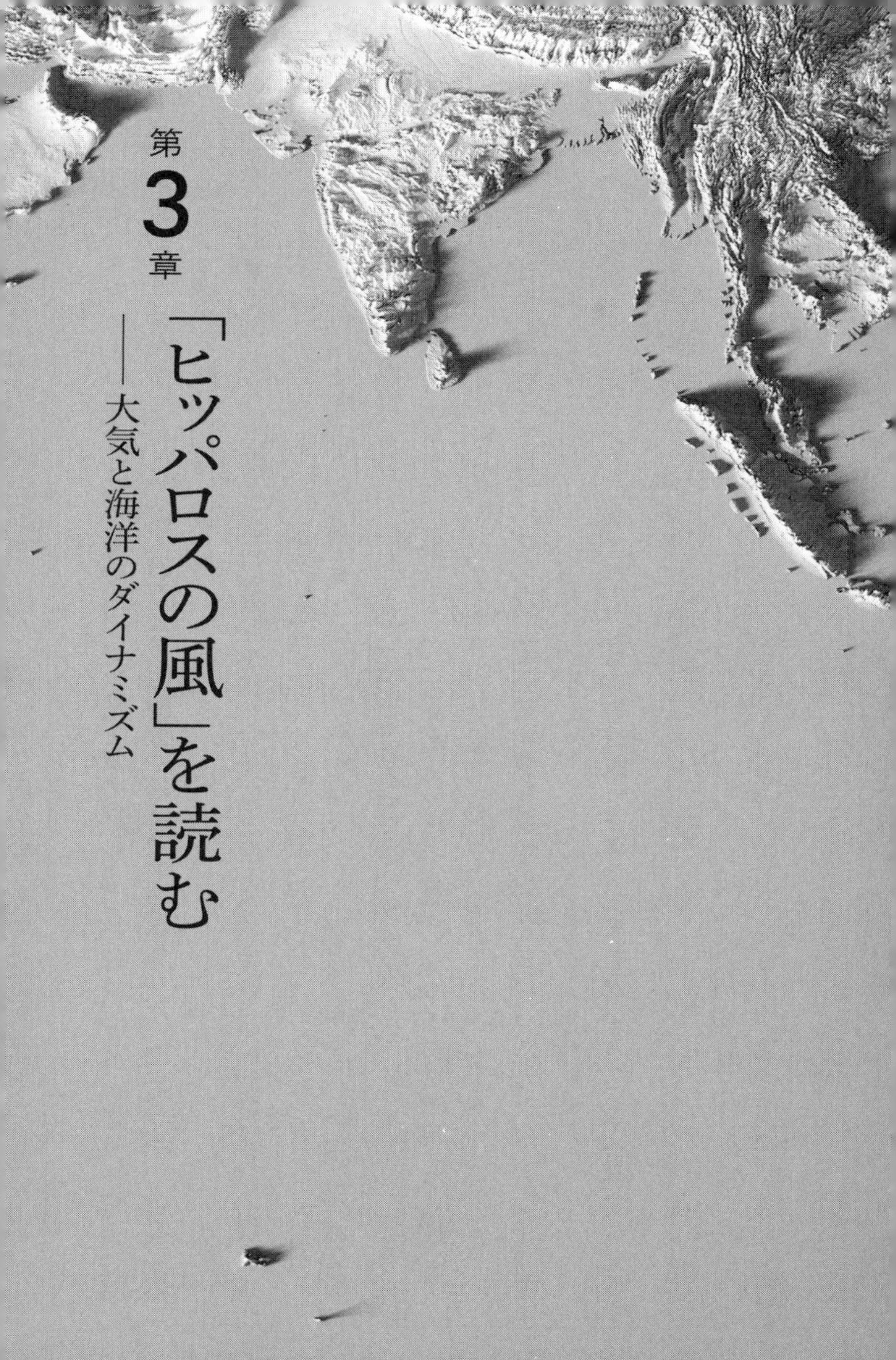

第3章

「ヒッパロスの風」を読む

——大気と海洋のダイナミズム

インド洋は、いつも静かとは限らない。第2章で詳しくご紹介した3回の航海中にも、風が強まり、海が荒れたために、思うように調査や観測ができなかったり、航走中の激しい大揺れに何度も見舞われた。

この章では、インド洋の海面に視座を移し、大気と海との相互作用について見てみよう。

インド洋にしか存在しない、面白い現象にいくつも出会うはずだ。

すでに2000年以上も前から、アラビア海からベンガル湾周辺海域は、活発な東西交易の場として活用されてきた。いわゆる「海のシルクロード」である。

原始的な小船でインド洋に乗り出した古代の人々はやがて、インド洋の風向きや海流が、季節に応じて逆転することに気づくようになった。そして、それを巧みに交易に活かした。

ギリシャ人の舵手《だしゅ》・ヒッパロスが、紀元前1世紀頃に最初に見つけたとされるインド洋独自の季節風（モンスーン）——。それはいったい、どのようなしくみで生じるのだろうか？

そして、プロローグでご紹介した、日本の気候に多大な影響を及ぼすインド洋特有の気候変動＝「ダイポールモード現象」についても、この章で詳しく見ていくこととしよう。

3-1 インド洋の代名詞＝「モンスーン」

あなたは古代の商人——。三角帆を張ったアラブの帆船（ダウ船）に乗り込み、アラビア半島を左方に見ながらインド半島に向かっている。

旅慣れたあなたは、夏の7月か8月にアラビア半島を出港し、東へと向かうことだろう。そして、インドで無事に仕事をすませたら、こんどは冬の1月か2月にそこを出港し、西方にあるアラビア半島へと帰途につくはずだ。

なぜ夏季に旅立ち、冬季に家路につくのか？

それはあなたが、夏には東を向いて吹き、冬は西へと向かって吹きつける季節風、すなわち「ヒッパロスの風」のことを熟知しているから。

もし出港時期を間違えたなら、それが往路であれ復路であれ、あなたは海の上で立ち往生し、すごすごと引き返さなければならなくなることだろう——。

インド洋の北部（おおむね南緯10度線より北側の海域）では、夏と冬とで、風向きがまったく逆になります。これが、「モンスーン」とよばれる季節風です。モンスーンという言葉は、アラビア語で「季節によって変わる風」を意味する「モウシム（マウシム）」からきています。

夏と冬とで、なぜ、風向きが逆転するのでしょうか？

その原因となるのが、インド洋の北側を完全にふさぐ、巨大なユーラシア大陸です。第1章の冒頭で、「インド洋の大きな特徴は、三大洋のなかで唯一、北極海とのつながりがないことです。巨大なユーラシア大陸が、北側を完全にふさいでいるからです」と述べたことを思い出してください。

陸と海とでは、同じように太陽に照らされても、温度の上がり方に大きな差があります。陸地は暖まりやすく、すぐに温度が上がりますが、海水はなかなか温度が上がりません。

夏の暑い時期を考えると、陸のほうが海よりも高温になります。陸では軽くなった空気がさかんに上昇するため、地表は気圧が下がります。低圧となった地表へ、海側から風が吹き込みます。その際、地球の自転に起因するコリオリの力（3－5節で説明します）が作用することで風向が右方向に曲げられ、南風ではなく南西風となります。

一方、冬は陸のほうが冷えやすいので、空気は冷たく高圧となり、温度が高い海のほうが相対的に低圧の状態になります。そこでこんどは、陸から海に向かって北東風が吹きつけることになるのです。

図3－1a、bは、全海洋の海面上を吹く風の平均的な風向と風速を、1月（北半球の冬）と7月（北半球の夏）について示したものです。全世界のうち、北インド洋だけが、夏と冬とのあいだで、顕著な風向の逆転を示すことが、よくわかると思います（7月に南西風が、1月に北東風が吹いていています）。

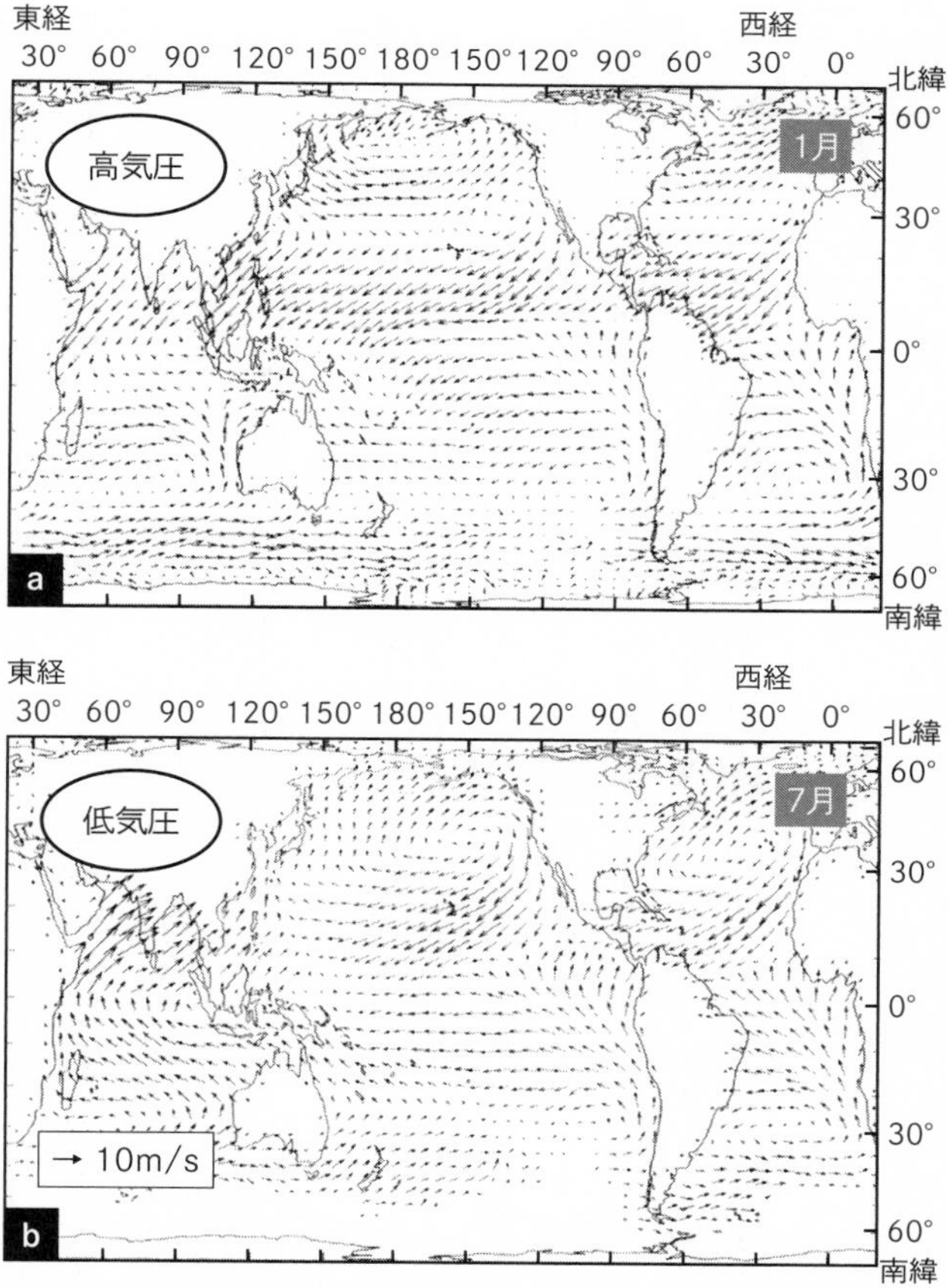

図3－1：世界の海面上を吹く風の平均分布図（1950年から1979年にかけての平均値） **a**：1月、**b**：7月（Tomczak & Godfrey（1994）の図に加筆）

これらの季節風は、海だけではなく、陸上でも吹きます。夏季の南西季節風は、海面から蒸発する水蒸気をたっぷり含んでいるため、インド半島や東南アジアに雨期がもたらされます。一方、冬季に吹くのは大陸起源の乾いた北東風であるため、雨はあまり降りません。

3-2 日本へ吹きつける北西季節風の起源

日本でも冬になると、強い北西季節風が吹きますね。この季節風の元をたどってみると、ユーラシア大陸にある高気圧、すなわち、北インド洋の冬に北東季節風をもたらすのと同じ高気圧にぶつかります。

インド洋からは遠く離れた日本列島ですが、ユーラシア大陸と隣り合わせという点では、インド洋と共通点があります。図3-1aをもう一度、見てください。冬季のユーラシア大陸に発達する高気圧から四方八方に、時計回りの風が吹き出しています。それがインド半島やインド洋に向かうと北東季節風に、日本列島を含む北西太平洋に向かえば北西季節風になるというわけです。

一般に、冬の大陸高気圧が強力なときには、日本列島付近へ吹きつける北西季節風は強まり、日本列島に厳しい冬をもたらします。そのようなときは、同時にインド半島やインド洋北部でも、強い北東季節風が吹きやすくなると考えられます。この冬の季節風は乾燥しています。

日本列島に向かって吹きつける北西季節風も、もともとは乾燥しています。しかし、それが日本列島にぶつかるときは、水蒸気をたっぷり含んでいます。なぜでしょうか？ それは、北西季節風が日本海を通過する際に、海面から大量の水が蒸発するためです。その結果、日本列島の日本海側に冬の豪雪をもたらすことになります。そのしくみについては、拙著『日本海 その深層で起こっていること』で詳しく紹介しました。興味のある方は、ぜひご参照ください。

3-3 季節によって海流の向きも逆転する

一方向に向かって吹く強い風は、海面付近の海水の動きに大きな影響を与えます。大きな海の表面には、世界中どこでも、「海流」とよばれる大規模な海水の流れや循環があります。太平洋にも大西洋にも、そしてもちろんインド洋にも、海流が存在します。これら海流の向きや強さを決めているのが、海面と接している大気の動きです。風がつくる海水循環という意味で、「風成《ふうせい》循環」ともよばれています。1-7〜1-8節でお話しした熱塩循環とはまったくしくみが異なることに注意してください。

図3-1a、bからわかるように、赤道付近の低緯度域では、季節によらずほぼ西向きの風

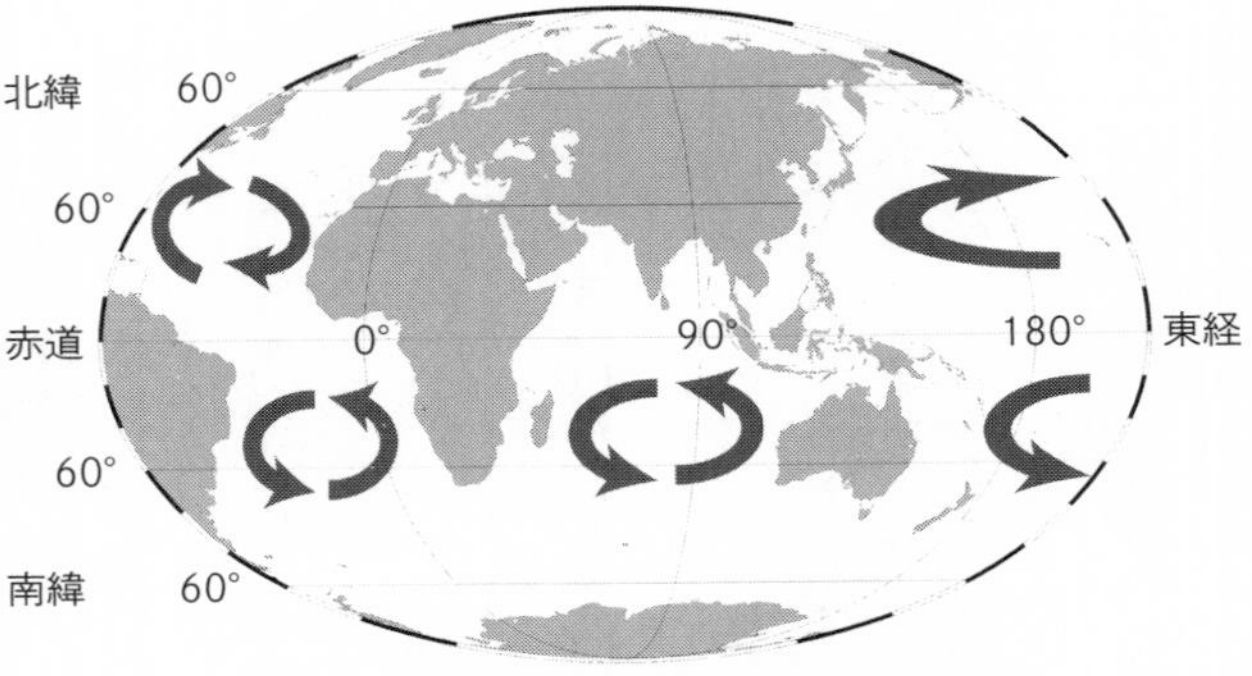

図3-2：三大洋における亜熱帯循環のイメージ

（東風）が吹いています。「貿易風」とよばれる風です。また、北緯および南緯40〜50度あたりの中緯度帯では、季節によらずほぼ東向きの風（西風）が吹いています。いわゆる「偏西風」です。

貿易風と偏西風が海面を動かし、そこにコリオリの力が作用することによって、北半球の亜熱帯海域では時計回り（右回り）の循環海流が形成されます。一方、南半球の亜熱帯海域には、反時計回り（左回り）の循環海流が同じように形成されます。これは、太平洋でも大西洋でも同じことで、「亜熱帯循環流」とよばれています。その大まかなイメージを示したのが図3-2です。

ここで少し注釈を。図3-2に、偏西風（温帯域で吹く西風）と貿易風（熱帯域で吹く東風）を重ねてみると、いかにもこれらの風がそのまま海面を引きずり、亜熱帯循環流を形成しているように見えるかもしれません。しかし、現実は少し異なります。

この後の3－5節とも関連しますが、地球が自転しているために、亜熱帯循環流のように大規模な海水の動きには、複雑な「からくり」が関わってきます。この「からくり」を説明するには、やや専門的でページを要する海洋物理学の考察が必要です。本書では深入りしませんが、もし関心のある方は、保坂直紀著『謎解き・海洋と大気の物理』（講談社ブルーバックス）をぜひご覧ください。海流がなぜできるのか、一般向けにたいへんわかりやすく解説されています。

さて、インド洋の亜熱帯循環流は、南半球にしかありません。インド洋の北半球側は、ユーラシア大陸が大きく張り出しているために海の面積が小さく、太平洋や大西洋のようには亜熱帯循環流が形成されないためです。

その代わりに、北インド洋には特別な海流があります。世界でも他に例のない、季節によって向きの変わる海流です。もうおわかりかと思いますが、前節で述べた季節風のなせるわざです。夏季と冬季で風向が逆転するために、海面もそれに順応し、海流の向きが逆転するのです。

季節によるこのような海流の変化を、図3－3a、bで詳しく見ていきましょう。これらの図は、北部インド洋における海流の向きや強さを、1月と7月とで比べたものです。図3－1a、bに示した風向の逆転と、どう対応しているでしょうか。

南西季節風の強く吹く7月（図3－3b）から見てみましょう。この頃は、アフリカ東岸からアラビア海を経てインド半島、さらにベンガル湾へと向かう海流が発達します。ソマリア東岸の

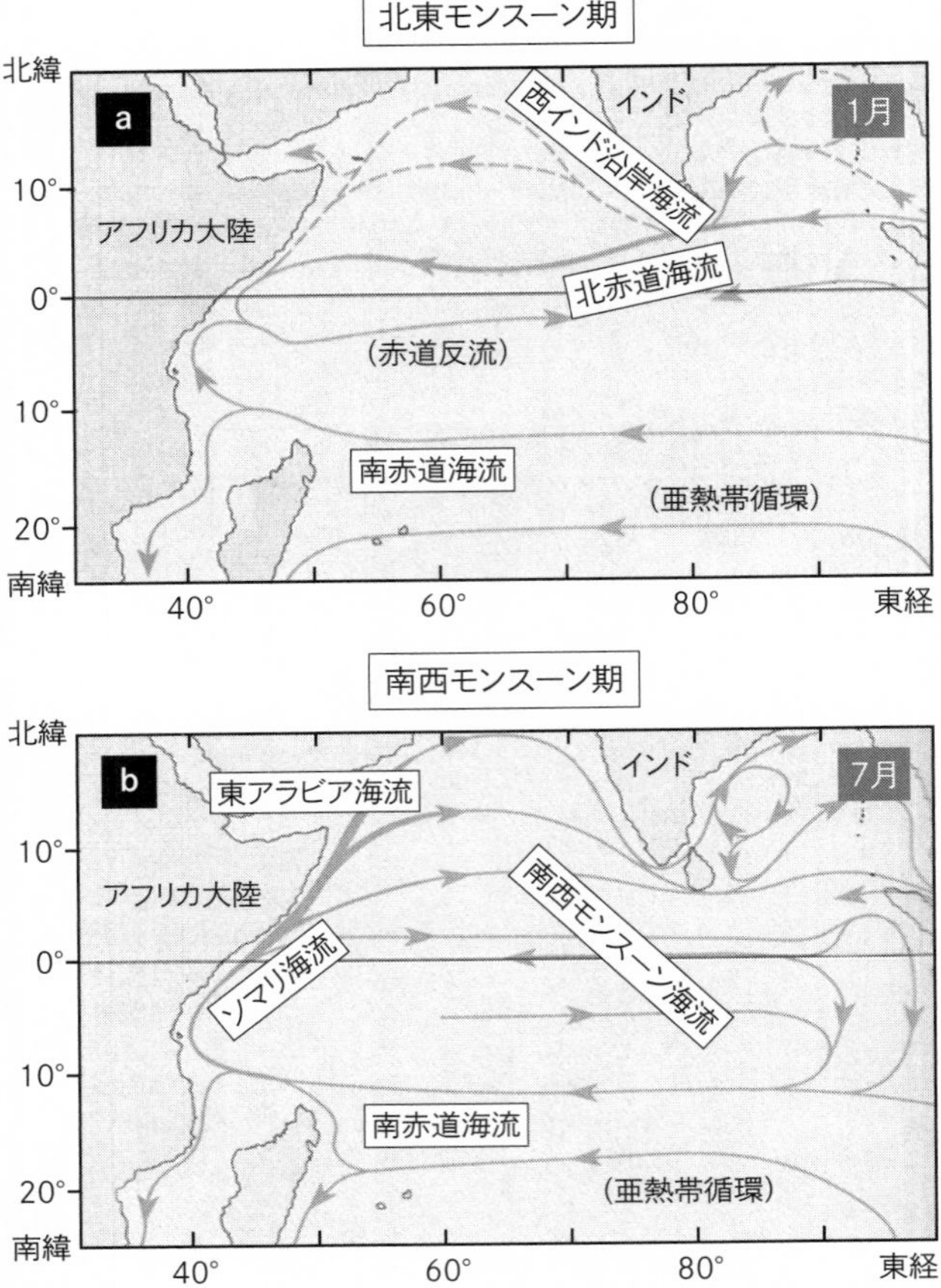

図3-3：北インド洋における a：1月と b：7月の海流の逆転（The Open Univ. (2001)の図に加筆）

ソマリ海流は、とりわけ流れが強く、1960年代におこなわれた国際インド洋共同観測の際に観測された流速は、最大7ノット（時速13キロメートル）に達したといいます。

日本の南岸沿いを流れる黒潮（最大速度3〜5ノット）も速いことで有名ですが、それをはるかにしのぐ驚きの速さです。この時期は、赤道周辺でも東向きの海流が卓越し、これらをまとめて「南西モンスーン海流」とよんでいます。

一方、北東季節風に切り替わる1月頃（図3-3a）には、様相が一変します。7月とは逆向きに、ベンガル湾、インド半島付近からアラビア海を経てアフリカ東岸へ向かう海流（流速が比較的小さいので破線で表示）に、すっかり置き換わるのです。赤道周辺では、西向きの海流（北赤道海流）が卓越します。

3-4 ソマリア海賊が夏に出没しない理由

アラビア海の強い季節風や海流にまつわる興味深い話題を、一つご紹介しましょう。

最近でこそ、やや下火になってきたようですが、アフリカ東岸のソマリアを本拠地とする海賊が、20世紀の終わり頃から、無政府状態にあるソマリアの混乱に乗じて跋扈《ばっこ》しました。ソマリア沖のアラビア海で世界各国の船舶を襲撃し、人質を取り、身代金を要求する事件を何度も引き起こしています。
ピークだった2010年前後の内閣官房による集計データによれば、年間200件以上の海賊事案が発生しました（現在は、年間数件程度に減っています）。
竹田いさみ著『世界を動かす海賊』には、ソマリア海賊の実態が詳しく紹介されているのですが、そのなかでふと目にとまった箇所を引用します。

「海賊たちは、ソマリア本土から母船用のやや大型のグラスファイバー製ボートで沖合に繰り出し、インド洋の海流に乗るとエンジンのスイッチを切り、これらの海流の流れに逆らうことなく、あてもなく洋上をさまよう。（中略）標的となる商船を発見すると、エンジンのスイッチを入れ、母船が曳航している小型ボートに母船から乗り移り、小型ボートの船外機のエンジンを全開にし、商船を襲撃する。海流に乗るとエンジンのスイッチを切るのは、ボートに積み込めるポリタンクやドラム缶の本数に限りがあり、燃料を節約するためである。重量が軽いグラスファイバー製のボートを使い、海流に身を任せて海賊行為に走るという新たなパターンが出現したことは、注目に値する」

このような海賊の行動を、図3-1や図3-3を見ながら想像してみましょう。

ソマリア海賊がおもに出没するのは、アフリカ寄りのアラビア海、まさに夏季と冬季に強い逆向きの季節風と海流にさらされる海域です。ことに、夏のソマリ海流の強さは半端ではありません。うっかりエンジンを止めて漂流などしたら、どんどん流されてしまうことでしょう。そこへ強い南西風が追い打ちをかけますから、下手をすると陸に戻れなくなるかもしれません。

海流や風に逆らって流されないようにするには、エンジンをかける必要がありますが、それには当然、たくさんの燃料を消費します。そして、強風の吹く海面は、たいてい大荒れです。獲物を見つける前に自分が遭難してしまったら、元も子もありません。

危険だから夏は休むか――そう考える海賊が、きっと多いのではないでしょうか?

そんな推測を裏付ける統計データがあります。図3－4は、2009年から2018年までのソマリア海賊事案発生件数を、月別に合計したグラフです。

夏の季節風の時期（6～9月）には、他の季節に比べて、明らかに発生件数が少なくなっていますね。特に7月は、一年で最も少ないことがわかります。冬の季節風の時期（12～2月）も、夏ほどではありませんが、やはり発生頻度が低くなる傾向が窺えます。

加えて、夏季にはサイクロン（強い熱帯性低気圧）の発生する可能性もあります。いかな海賊とて、モンスーンやサイクロンによる大時化《おおしけ》は命に関わります。妙な言い方になりますが、彼らもまた、作業の安全を意識して仕事をしているように思えてきます。

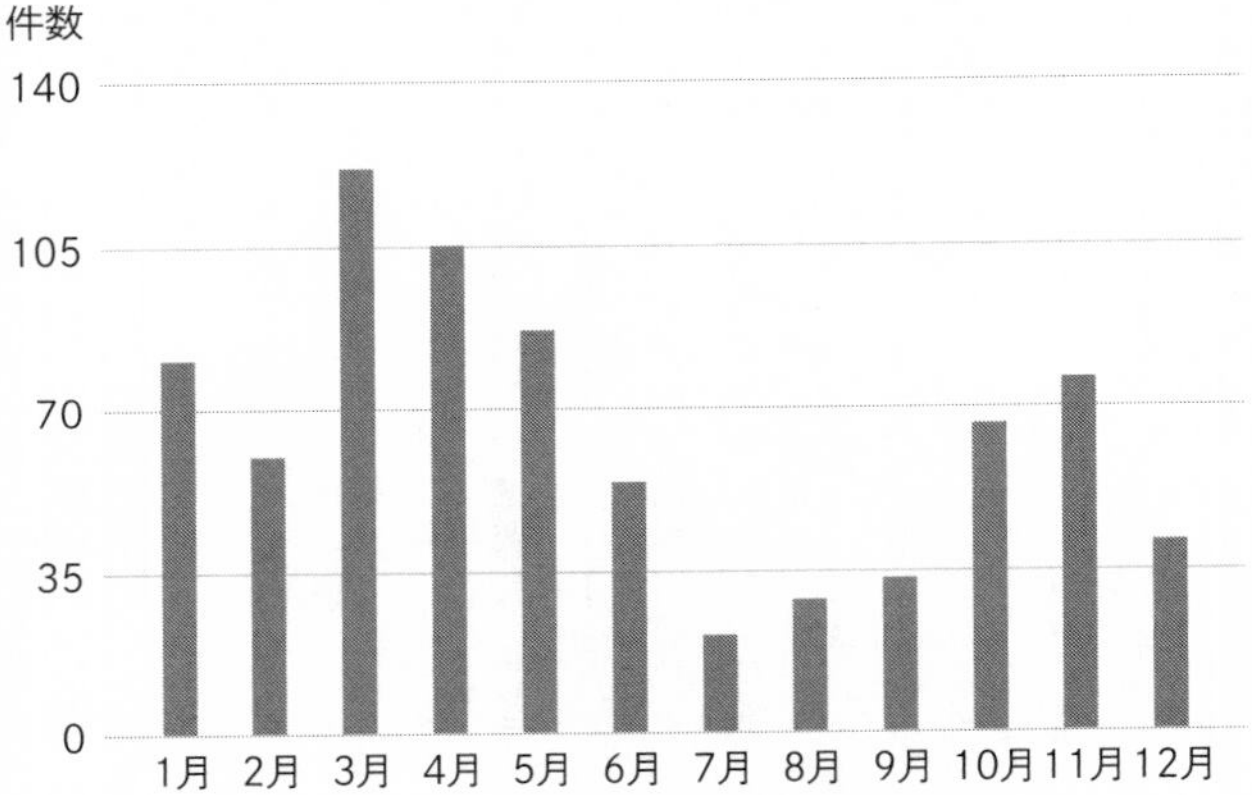

図3-4：2009 ～ 2018年の10年間のソマリア海賊の出現回数を月別に合計したもの（ソマリア沖・アデン湾における海賊対処に関する関係省庁連絡会（2019）より）

ところで、海賊さえも慎重に避けている夏季のこの海域を、果敢にも（？）航行してひどい目に遭った著名な作家をご存じでしょうか。

１９５０年、戦後初のフランス留学生として、大型客船「ラ・マルセイエーズ」号（１万７４０８トン）でインド洋を横断中だった遠藤周作（１９２３〜１９９６）が、アラビア海からアデン湾へと向かっていた際のことを日記に残しています。２万トンに迫ろうかという大型船が、木の葉のように揺れたというのですから、南西モンスーンが相当にきつかったのでしょう。あるいはサイクロンにぶつかっていたのかもしれません。

「６月25日（日）〜26日（月）

猛烈な波、波がしらが船窓、甲板にぶつかり、木の葉のように船がゆれる。一日くるしい船酔、もういい加減にしてくれといいたくなる。食欲も、動く力もない」

（遠藤周作著『作家の日記』より）

3-5 強い南西季節風がアラビア海を肥沃化する——日本の漁船が出向くわけ

さて、強い南西季節風の時期に、ソマリアやアラビア半島の沿岸海域では、ある興味深い現象が生じています。海の深いところから、冷たい海水が湧き上がってくるのです。海洋学の教科書に必ずといってよいほど登場する「沿岸湧昇」とよばれる現象です。

沿岸湧昇の話を進めるうえで、重要な海洋理論の一つにどうしても触れておかなければなりません。そもそも、海面上を風が吹くとき、海水はどのように動くのか？——この疑問に関わる基本的な理論です。

風と同じ方向に動く——素直にこう考えたいところです。

しかし、風呂桶や小さな池ならともかく、地球の自転が関わってくるようなスケールの現象になると、そう単純にはいきません。

海面上を、風が一定方向に吹きつづけるとしましょう。海面は、風と同じ向きに動こうとしま

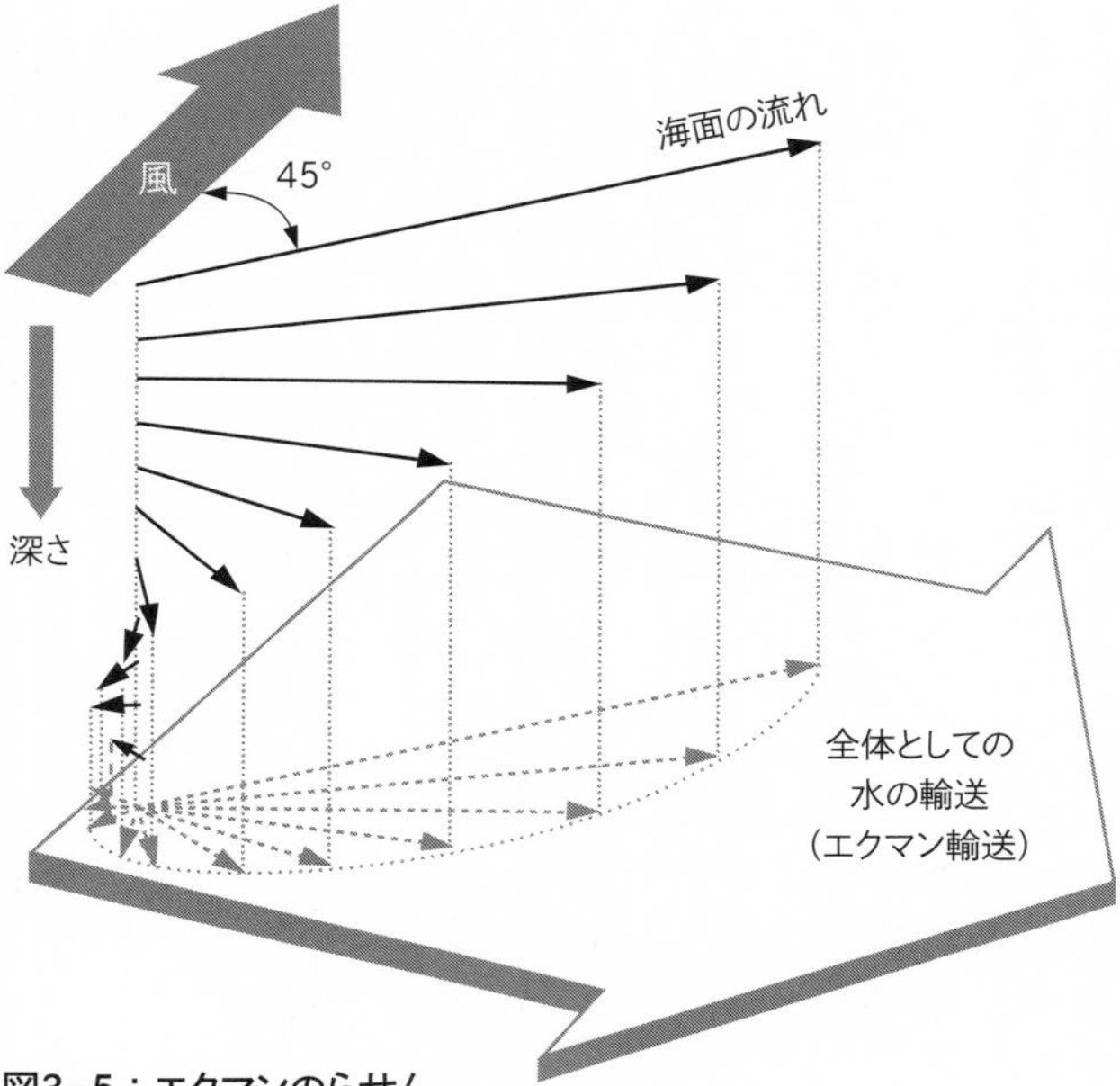

図3-5：エクマンのらせん

すが、地球の自転による「コリオリの力」が邪魔をします。コリオリの力とは、観察者が、自転する地球と一体化しているときに出現する「見かけの力」で、北半球では運動方向の右向きに作用し、海面での流れは風の向きから45度だけ右にずれます（図3-5）。

海面下で水深が深くなると風の影響はなくなりますが、こんどはすぐ上にある海水の動きに引きずられ、さらにコリオリの力も作用します。結果として、深くなればなるほど、海水の動きは小さくなる一方、その進行方向は右へ右へと、らせんを描くようにずれていきます。

このように、深さに対して流れのベクトルが変化していく現象は、最初に見つけたスウェーデンの海洋学者、ヴァン・ヴァルフリート・エクマン（1874〜1954）の名をとって、「エクマンのらせん」とよばれています。図3－5に示したように、エクマンのらせんを深さ方向にすべて足し合わせると、表層水（深さ100〜200メートル程度まで）は全体として風の吹く向きとは直角右向きに動くことになります（これを「エクマン輸送」とよびます）。

なお、南半球では、コリオリの力が左向きに作用するので、エクマン輸送の動きは風向の直角左向きになります。

このエクマン輸送を、南西モンスーンが強く吹く7月頃のソマリアやアラビア半島の沿岸に当てはめてみましょう。北半球におけるエクマン輸送にしたがって、表層海水は風向きの直角右向き、すなわち、沿岸から外洋に向かって押し出されます。すると、そこにできた空隙を埋めるために、深さ数百メートルにあった冷たい中層水が、図3－6に示したように湧き上がってきます。これが「沿岸湧昇」です。

沿岸湧昇によって湧き上がってくる中層水は、冷たいだけでなく、窒素やリンなどの栄養塩に富んでいます。かつて海表面にいた生物の排泄物や死骸が沈降して分解され、栄養塩が海水中にふたたび溶け出しているからです。その栄養塩が表層に供給されると、太陽エネルギーによる光

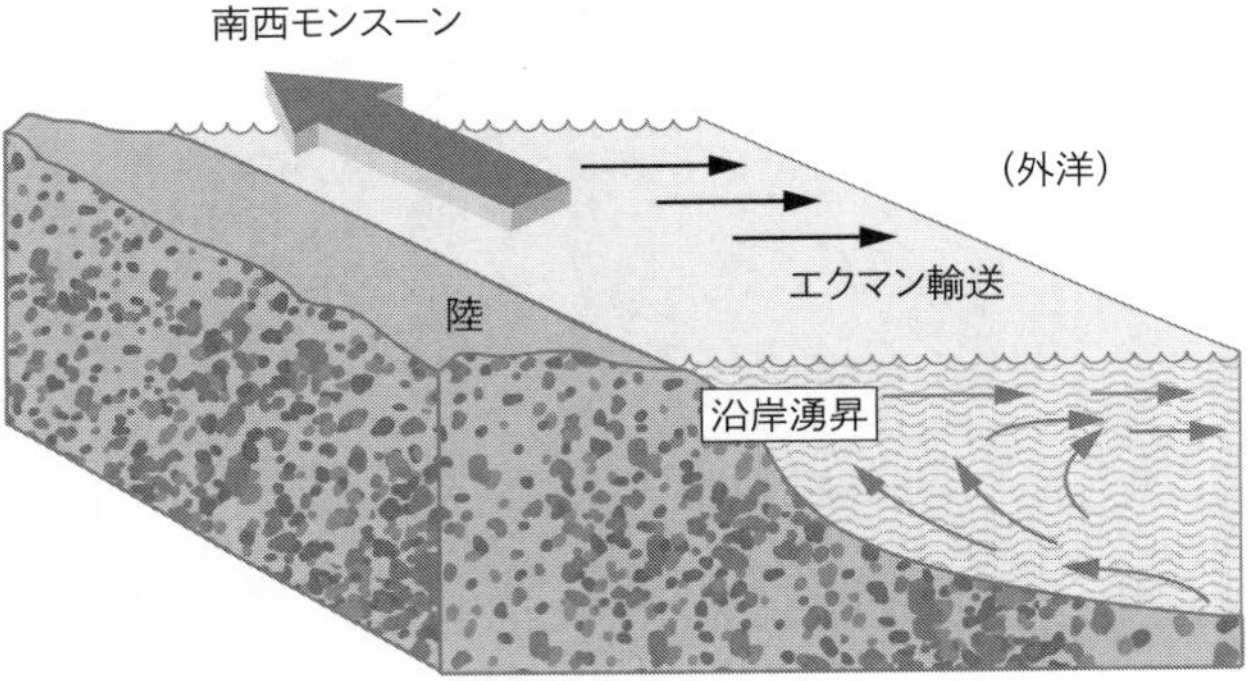

図3-6：ソマリア沖やアラビア半島沖で起こる沿岸湧昇のしくみ

合成が促進され、植物プランクトンが増殖します。その植物プランクトンを動物プランクトンが食べ……という具合に生物活動（食物連鎖）全体が活性化することになります。

図３－７に、ソマリア沖からアラビア海の西部において観測された、年間の表面海水温（Ｔ）の変化と、動物プランクトン存在量（Ｐ）の変化を示しました。春から夏にかけて、南西モンスーンの強化とともに表面水温が28℃から20℃へと急低下し（沿岸湧昇によって、冷たい中層水が入ってくるため）、それと同時に、動物プランクトンの量が急増しているようすがよくわかります。

動物プランクトンが増えれば、それをエサとする魚類が集まってきます。つまり、沿岸湧昇による肥沃化によって、ソマリア沖やアラビア海は好漁場となるのです。この海域には、日本からも多くのマグロ漁船が出漁しています。

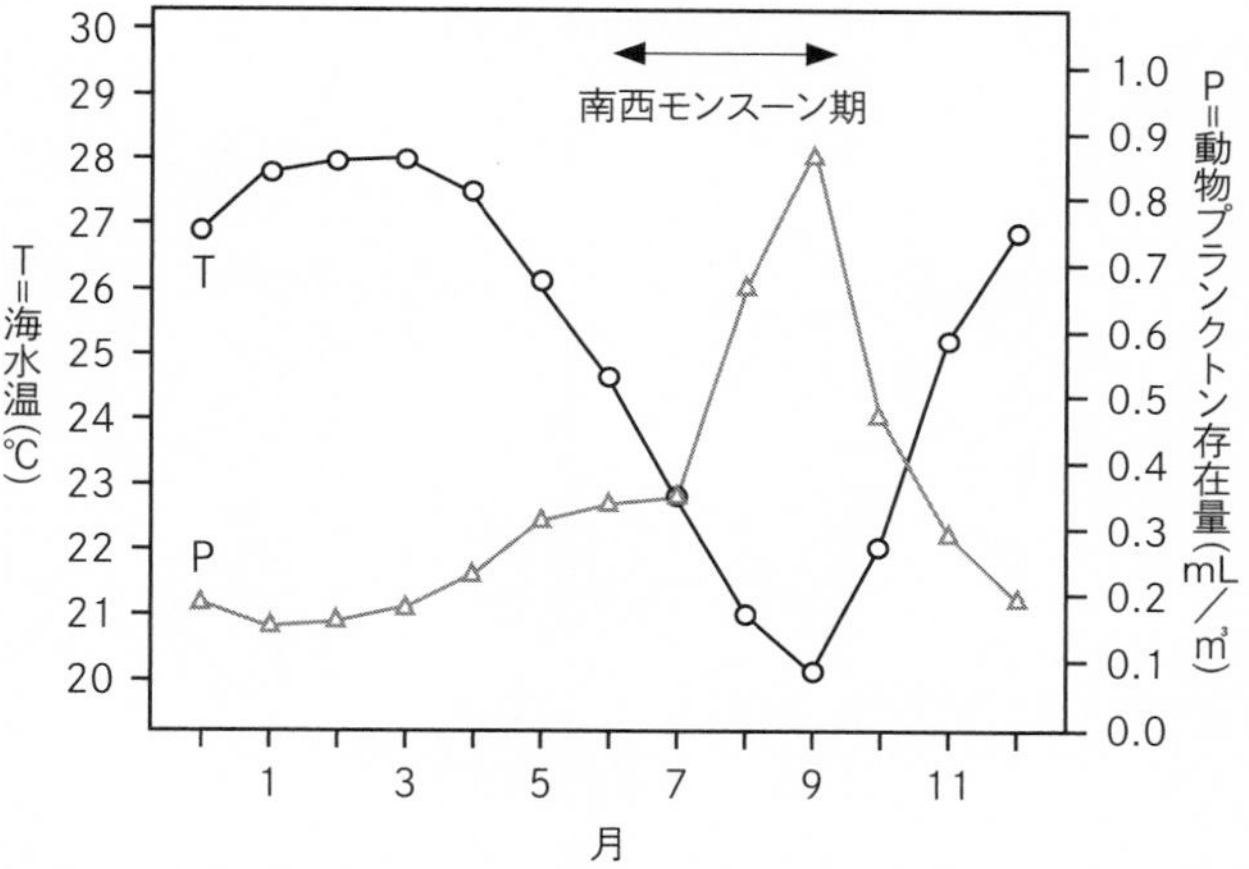

図3-7：アラビア海西部（北緯8 ～ 15度）の水深50mで観測された、水温（T）と動物プランクトン存在量（P）の年変化（Murty（1987）より引用）

3-6 「ダイポールモード現象」とは何か？

インド洋といえば、プロローグでも簡単にご紹介した「ダイポールモード現象」に触れないわけにはいきません。東京大学の山形俊男教授らによって1999年に発見されたこの気候変動現象は、なにかと地味な存在だったインド洋を一躍、世界の海の檜《ひのき》舞台に押し上げたといっても過言ではないでしょう。

ダイポールモード現象とは、インド洋の熱帯海域における表面水温が、西側で異常に高くなり、逆に東側では低くなる状態のことです。その逆の場合もありますが、煩雑になるので、本書では通常のダイポールモード現象（「正のダイポールモード」ともいう）に話を

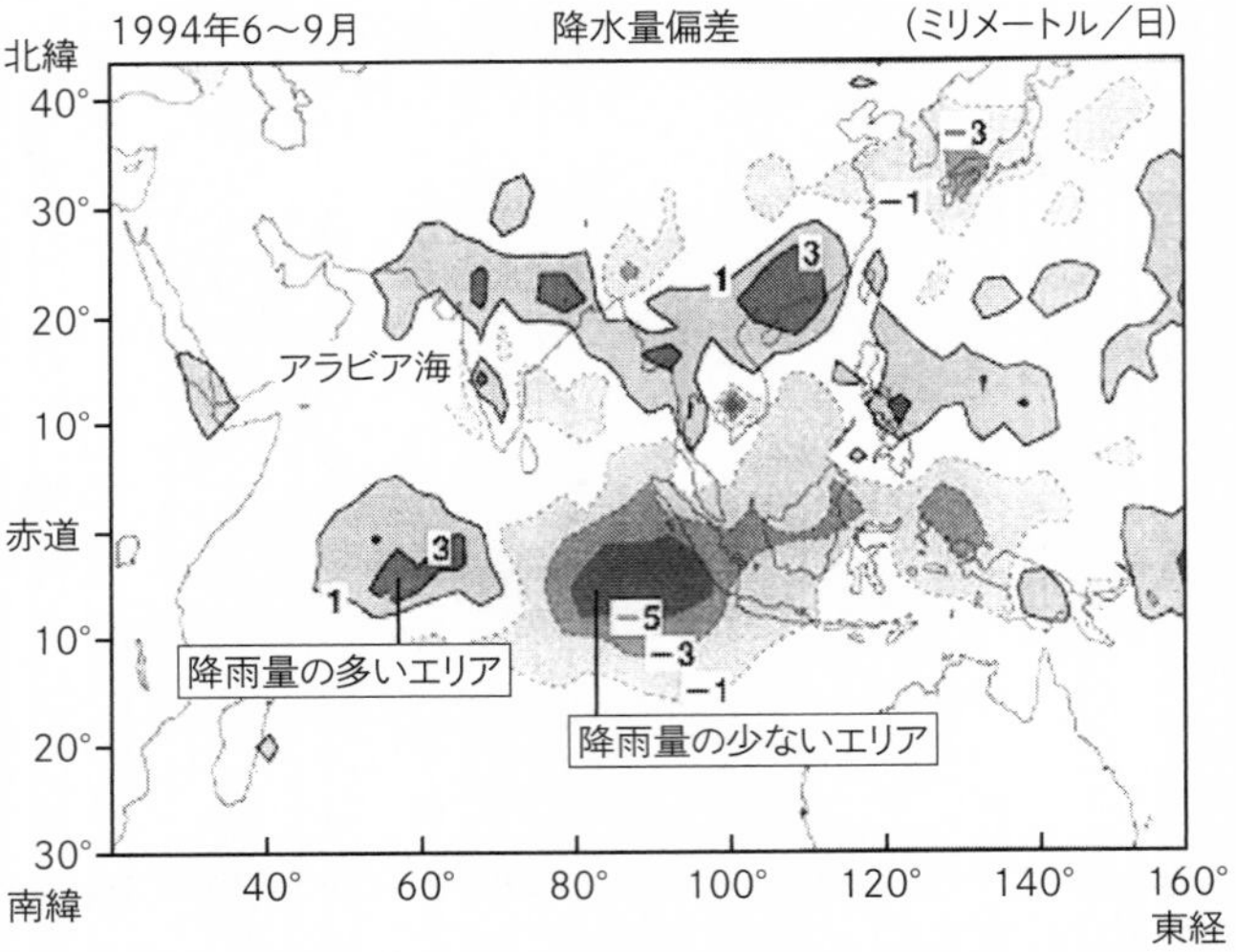

図3−8：典型的なダイポールモード現象発生中（1994年6〜9月）のインド洋における降水量の平年値からのずれ（山形・ハミード（2000）に加筆）

限ります。

高温になるインド洋西側の熱帯海域では、上昇気流が発達して雨量が増加し、東側では逆に減少します。図3−8は、降雨量から見た、典型的なダイポールモードを示しています。このように、気候のアンバランスが対極的に横並びになることから、「双極」を意味する「ダイポール」という名称が、発見者の山形教授によって与えられました。

ダイポールモード現象はおおむね5月頃に始まり、10月頃にピークを迎えて、12月から1月頃には衰退に向かいます。数年ごとに出現するようですが、最近は出現の頻度が高ま

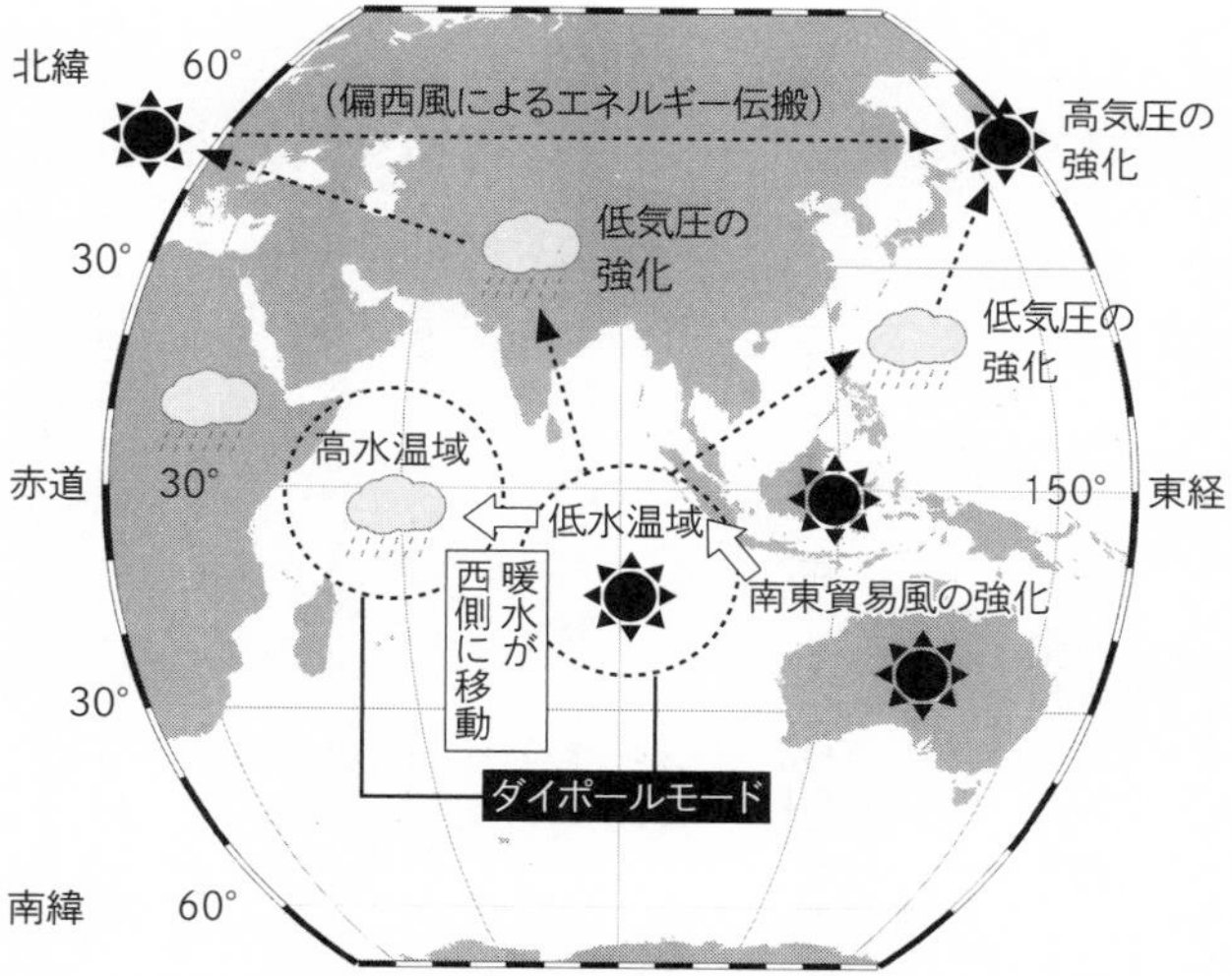

図3-9：ダイポールモード現象と、それによって引き起こされるテレコネクション（破線の矢印で示す）

る傾向にあります。

発見の経緯もユニークです。もともとは、日本列島の夏の異常高温がなぜ起こるのか、その原因を調べていくうちに、思いがけずインド洋で発見されたのが、ダイポールモード現象なのです。さらに研究が進むにつれ、インド洋に接するアフリカ、ユーラシア、オーストラリアの各大陸はもとより、遠く日本列島やヨーロッパ大陸にまで影響を及ぼす、地球規模の現象であることがわかってきました。

図3-9は、ダイポールモード現象の発生と、その周辺への広がりを模式的に示したものです。

ダイポールモードは、ジャワ島沿いの貿易風（南東風）が強まることから始まります（そのきっかけは、まだよくわかっていません）。インド洋の熱帯域では通常、ジャワ島西方の東インド洋のほうが海面水温が高いのですが、貿易風が強化されると、暖かい表面海水が西へ西へと移動します。

その結果、西部熱帯域のほうが高温となり、活発な上昇気流によって積乱雲が発達するために大量の雨が降ります。これは海上だけでなく、アフリカ東部の陸上まで及びます。

一方、ジャワ島やスマトラ島沖では、強い貿易風が沿岸湧昇をさかんにすることで海面水温が下がり、むしろ下降気流が卓越するようになって、雨がほとんど降らなくなります。インドネシアやオーストラリアの陸上では好天が続き、乾燥し、気温が上昇します。

3-7 ダイポールモード現象がもたらすもの

インド洋ダイポールモード現象が発生すると、どんな事態が生じるのでしょうか？　西インド洋の熱帯海域からアラビア海にかけて、その影響を詳しく見てみましょう。

ダイポールモードが発達し、高温表面水が流入してくると、ソマリア沖では3－5節で述べた沿岸湧昇による海面水温の低下が打ち消されることになります。栄養塩に富む中層水の上昇が抑制され、表層付近の生物生産力は低下するので、漁業に対して重大な影響が及びます。

たとえば、インド洋西部の熱帯海域でさかんにおこなわれている、巻き網によるキハダ漁業のデータがあります。強いダイポールモードの出現した1994年と1997年の漁獲量は、平年の数分の1および10分の1へと激減しました。

一方、インド洋東部では、対照的に漁獲量が増大しています。漁業従事者は、漁場に向かう前に、ダイポールモードの状況を正しく把握しておかなければいけないということですね。

海だけではありません。ダイポールモード現象は、陸上の気候にも深刻な影響を及ぼします。

ダイポールモード現象が発生すると、インド洋に面した東側および西側の陸上では、それぞれ平年とは正反対の、晴天つづき、および雨天つづきに変わってしまうのです。その結果、東側では極端な渇水に、西側では洪水に見舞われやすくなります。

たとえば、東アフリカのケニア周辺では、集中豪雨と洪水、バッタの異常発生、マラリアなどの感染症の蔓延《まんえん》に頭を悩ませることになります。一方、ボルネオ、スマトラ、オーストラリアなどでは、猛暑と旱魃《かんばつ》によって、農作物に大きな被害が生じます。加えて、乾燥した森林は、大規模な火災を引き起こしやすくなります。

2019年は、それまでに観測されたなかでも最強のダイポールモード現象が発生し、その影響と思われる痛ましい自然災害が続発しました。同年11月、ケニア、タンザニア、ソマリア、南

図3-10：ダイポールモード現象を原因として発生した大規模な山火事によって、一面焼け焦げたオーストラリア・サウスオーストラリア州のフリンダーズ・チェイス国立公園の一角　2020年1月撮影（AAP Image／アフロ）

スーダン、エチオピアといった国々では、数週間に及ぶ豪雨によって大洪水が発生し、数十名の人命が失われました。

一方、オーストラリアでは、同年9月に発生した森林火災が果てしなく広がり、2020年2月に終息するまでに、同国の森林のほぼ2割が焼き尽くされてしまいました。死者29名に達し、コアラをはじめとする貴重な野生動物にも、甚大な被害が及びました（図3-10）。

そんななかで明るいニュースといえば、ダイポールモード現象のしくみの解明が大きく進んだことです。スーパーコンピュータにより、ダイポールモードの予報が、ほぼ1年前から出せるようになりました（JAMSTEC・土井威志博士らの研究による)。的確な予報によって、被害の軽減に向かうことが期待されます。

3-8 はるか日本までやってくる猛暑——「テレコネクション」とは何か

インド洋からははるか遠く離れた日本にも、ダイポールモード現象の影響が及んできます。ダイポールモードが強まると、日本列島では、暑く乾燥した夏になりやすいのです。いったいなぜ、そうなるのでしょうか?

大気の対流運動は、上昇と下降を繰り返しながら、空気の波の連なりとなって、水平方向に伝わっていきます。低気圧の渦の中心には活発な上昇気流、その隣には高気圧の下降気流、さらにその先では低気圧の上昇気流……といった具合に、連綿と連なりながら、遠くまで伝わっていきます。このように気候状態が遠隔地へ伝播《でんぱ》することを「テレコネクション」とよんでいます。

インド洋で発生した大気と海洋の異常現象が、テレコネクションによって、遠く離れた日本列島まで届けられるというわけです。その伝わる道筋は、おおまかに2通りあるといわれています(113ページ図3-9参照)。

一つは、インド洋からまっすぐ日本列島へと伝わってくるルート。

ダイポールモードが発達すると、東インド洋の熱帯域では、高気圧性の下降気流が強まります。下降した空気の一部は北へ移動し、フィリピン周辺やインド北東部付近で強い上昇気流を起こして雨を降らせたあと、さらに北上して日本列島付近で下降します。すると、日本列島を覆っている夏の高気圧が強まります。

もう一つは、遠くヨーロッパ大陸を経由するルート。インド北東部に雨を降らせた強い上昇気流が西方へ伝わり、地中海からサハラ砂漠を含む欧州に強い下降気流が生じます。その結果、欧州では高気圧が発達し、さまざまな大気擾乱《じょうらん》が引き起こされますが、そのエネルギーが偏西風によって東方へと伝播することで、最終的に日本列島付近の太平洋高気圧を強めます。

これら2通りのテレコネクションによってやってくる猛烈な暑さ——。ダイポールモード現象はこれまで、1994年、1997年、2006~2008年、2011年、2012年、2015年、2017~2019年に発達していますが、多くの年で日本列島の夏は異常な猛暑に見舞われ、冬まで暖かさが続くこともありました。

もっとも、日本列島周辺の天候に影響を与えるのは、インド洋ダイポールモード現象だけではありません。太平洋熱帯域から発せられるエルニーニョ現象やラニーニャ現象などによるテレコネクションが、むしろ強く作用する年もあります。これら諸現象がダイポールモードと複合的に作用することで、日本付近の気候は複雑にコントロールされていると考えられるようになってきました。

その謎がいま、少しずつ解き明かされているのです。

3-9 航海者たちを苦しめる「吠える40度の洗礼」——ヴァスコ・ダ・ガマから万延元年の遣米使節まで

本章では、インド洋の表面、つまり大気と海洋との接触面で何が起こっているのか、という観点から、インド洋特有の面白い現象やその重要性について話を進めてきました。最後に、「インド洋の波浪」を取り上げようと思います。

インド洋とは果たして、荒れた海なのでしょうか？ それとも、静かな海なのでしょうか？

海面の荒れ方を示す際には、「波高」という尺度が便利です。波高とは、海面に生じる波の頂上から谷底までの高度差を平均したものです。

波高がゼロなら鏡のように静かな海面ですが、波高が大きくなるにつれて海面の上下変動が目立つようになり、荒れ方の程度が高まっていきます。図3-11に示したのは、インド洋における2月と8月の波高分布図です。

2月は北東モンスーン、8月は南西モンスーンの時期に相当します。一般に南西モンスーンのほうが強いことは、すでに97ページ図3-1で見たとおりです。

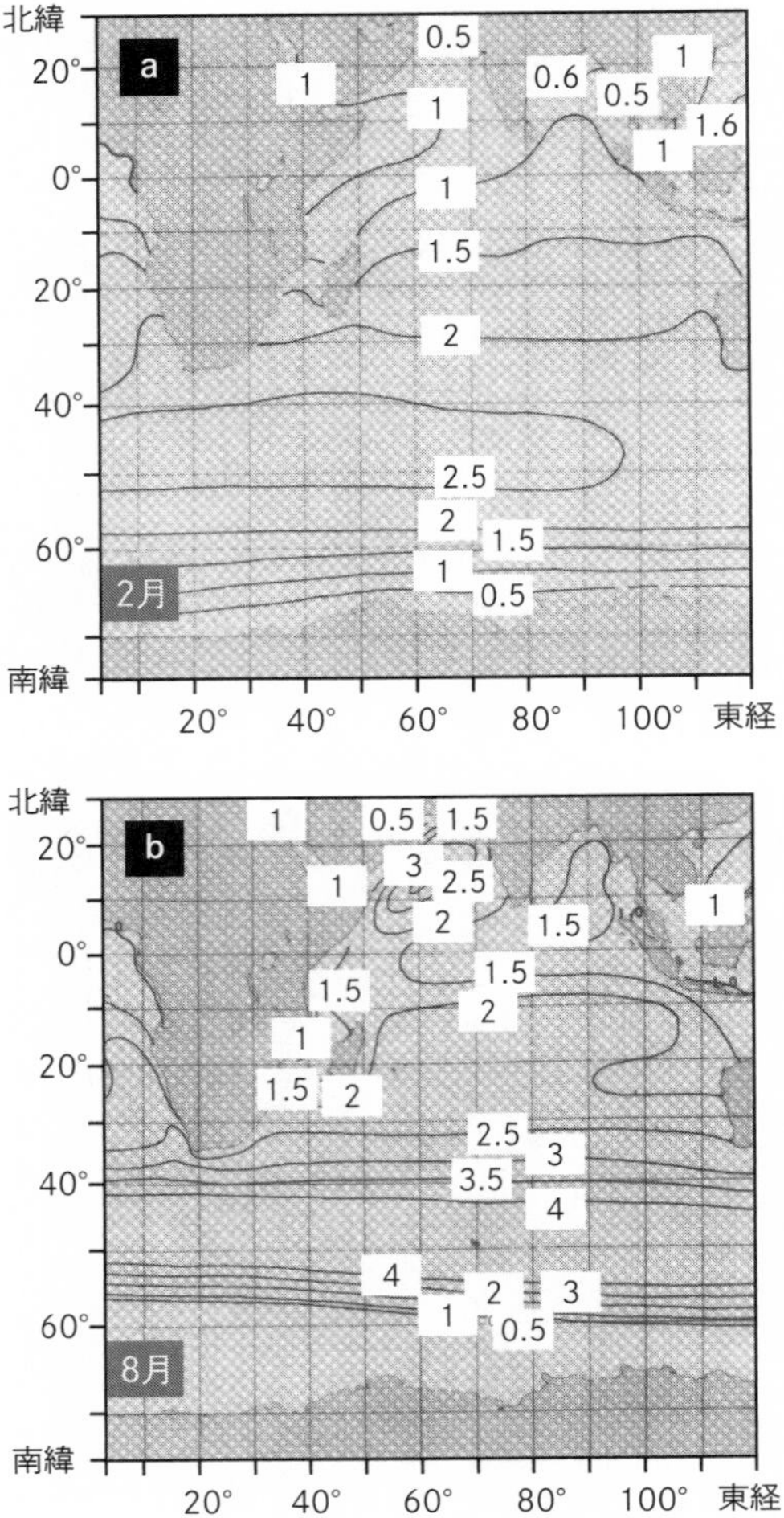

図3-11：インド洋における a ：2月と b ：8月の波高の分布図　波高の単位はm（和達（1987）による）

そこで北インド洋、特にアラビア海周辺の波高を2月と8月で比較すると、8月のほうが圧倒的に波高が大きく、海が荒れていることがわかります。3-4節で述べたソマリア海賊も、このような図をもっているのかもしれません。

「もういい加減にしてくれ」と遠藤周作がこぼしていたように、インド洋を航海するなら、北半球の夏季（図3-11b）は避けて、冬季（図3-11a）にしたほうがよさそうです。

図3-11を見て、もう一つ気がつくこと——。

それは南インド洋の南緯40度から60度のあいだに広がる大波高帯です。南半球の冬（8月）のほうが、夏（2月）より荒れ方が顕著に見えます。いわゆる「南極海の暴風圏」とよばれるもので、昔から船乗りによって「吠《ほ》える40度、狂う50度、絶叫する60度」と恐れられてきました。

このあたりの海域は常時、強い偏西風が吹くために海面が波立ち、さらに低気圧が次々と通過していくことで、大荒れの海が続くというわけです。

1869年にスエズ運河が開通するまで、インド洋から大西洋へ、あるいは大西洋からインド洋へ船で移動するには、アフリカ大陸の南端（アガラス岬や喜望峰）を迂回するしかありませんでした。

西洋の大航海時代の幕開けとなったヴァスコ・ダ・ガマ（1497年）を皮切りに、ポルトガルやオランダによる香辛料貿易を担った数多くの商人たち、フランシスコ・ザビエル（1541

年）をはじめとする宣教師たち、さらには日本からも天正遣欧少年使節（1584年）や万延元年の遣米使節（1860年）……等々、数え切れない船と人々が、喜望峰の沖合を通過しました（カッコ内はいずれも、喜望峰を通過した年を示す）。

そして、彼らは例外なく、「吠える40度」の洗礼を受けたことでしょう。

日米修好通商条約の批准書交換のため、万延元年（1860年）にアメリカに派遣された使節団（正使である新見《しんみ》正興《まさおき》ら77名）は、ニューヨークでの滞在を終えたあと、大西洋からインド洋経由で日本に帰国することになりました。使節団を乗せたアメリカ海軍の蒸気船「ナイアガラ」号（5540トン）が喜望峰に差しかかったのは、よりにもよって8月という最悪の時期でした。同使節団による『亜行日記』には、

「七月十一日（筆者註：太陽暦では8月27日のこと）、昨日ヨリ今日中喜望岬ヲ廻ルト云フ。……夜中波濤大山ノ如シ。……同十二日、烈風、艦大ニ揺動ス……」

とあります（松田（1977）より引用）。「大山の如く」のしかかってくる波濤《はとう》や烈風に翻弄されながらも、毅然《きぜん》と立ち向かう丁髷《ちょんまげ》姿の使節団一行の姿が目に浮かんできます。

インドネシアからマダガスカルへ大移動した人々

世界で4番めに大きな島、すなわちマダガスカル島に住む人々は、東南アジア系住民と東アフリカ系住民とに大別されます。

このうち東南アジア系住民の祖先は、1~5世紀の頃、ボルネオ島からインド洋を西向きに横断して、はるか遠方のマダガスカルに移住したといわれています。時代を考えればびっくりするような話ですが、現在の住民の使用する言語やDNA解析から、東南アジア系とわかるそうです。

東南アジアの住民がなぜ、インド洋の反対側にあるマダガスカル島まで、はるばる移住したのでしょうか。たいへん興味を惹かれますが、そのあたりの事情はまだ、詳しくわかっていません。

東南アジア一帯に住む人類はもともと、「オーストロネシア人」と総称される卓越した海洋民族で、彼らの一部は果敢にも太平洋を東へ乗り出し、タヒチ島やイースター島、さらにはハワイ諸島やニュージーランドへと拡散しています。

それとは反対方向の西を目指し、インド洋に乗り出した一族もいたと考えれば、いくらか納得できるような気がします。

当時の船といえば、帆が1枚のカヌーでしょうか。カヌーの両側、または片側にアウトリガー（船の安定性を増すために船と平行に張り出す浮材）をつけることで、外洋を安定して航行できたと考えられています。

インド洋を横断する際、彼らはどのようなコースをとったのでしょう？　インド洋の北縁を陸伝いに移動したのか、それともインド洋の熱帯域を最短距離でまっすぐ移動したのか――これもまた、未解明です。

インド洋が比較的おだやかなのは、図3-11から見て2月前後ですから、この季節に一気に移動したのかもしれません。インド洋の熱帯域は、年間を通じて貿易風（東風）が吹いています。102ページ図3-3に示した西向きの北赤道海流や南赤道海流にうまく乗ることができれば、ひと月程度でインド洋を横断できるとする試算例があります。

第4章 インド洋に存在する「日本のふたご」

——巨大地震と火山噴火

Indian Ocean

日本列島で、ぼくたちがしばしば経験する自然現象や災害が、インド洋（特にその北東側）に面する国々でも、同じように起こっていることにお気づきだろうか。

その共通項とは――、火山噴火と地震、そして津波である。

インド洋北東部には、日本列島の近海とよく似た、深海底の舞台設定がある。海溝、すなわちプレートの沈み込み帯だ。

インドネシアのスマトラ島からジャワ島に沿って、きれいな弧を描いて延びているスンダ海溝（「ジャワ海溝」ともよぶ）。ここで、年間数センチメートルずつ、北向きに沈み込んでいるオーストラリアプレートが、時として大地震や巨大噴火を引き起こす。

ちょうど日本列島の東方海域、千島・カムチャツカ海溝や日本海溝に太平洋プレートが沈み込むことによって、日本列島がしばしば地震や火山噴火に襲われる状況と酷似している。

本章では、日本にとって決して他人事ではない、インド洋周辺で起こる巨大地震と火山噴火に焦点を当ててみたい。そこから日本を見つめ直すこともできるかもしれない。

4-1 「過去10万年間で最大」の火山噴火とは？

われわれ現生人類は、10万～20万年前にアフリカで誕生したといわれます。それ以降、現在までのあいだに、人類が体験した最大規模の火山噴火をご存じでしょうか？

その答えは、インドネシアのスマトラ島にあります（図4－1a）。スマトラ島の北西部にあり、観光地として有名な「トバ湖」（図4－1a、b）がその現場です。長さ100キロメートル、幅30キロメートルと、琵琶湖の1・5倍ほどの細長い湖です。

巨大な山体（トバ火山）から、大噴火によって莫大な量のマグマが放出されたため、山体が陥没し、その結果できた凹地に天水がたまったものがトバ湖というわけです。このような形成過程を経た湖を一般に「カルデラ湖」とよびますが、トバ湖は世界最大のカルデラ湖で、その最大水深は530メートルもあります。トバ湖は一度にできたのではなく、噴火を繰り返すたびに形を変え、面積を広げてきたと考えられています。中央の細長い島（サモシール島、湖面からの比高450メートル）は、マグマが上昇してできたもので、〝次の噴火〟はここで起こるのかもしれません。

トバ火山は、過去100万年のあいだに3回、超巨大噴火を起こしたことがわかっています。84万年前、50万年前、そして直近では7万4000年前です。この3回めの噴火が、ちょうど世界中に拡散しつつあった現生人類（ホモ・サピエンス）を襲いました。当時の地球上には、現在は絶滅してしまったネアンデルタール人やデニソワ人もまだいたことでしょう。

彼ら人類は、たとえスマトラ島から遠く離れていたとしても、等しく甚大な影響を受けたはず

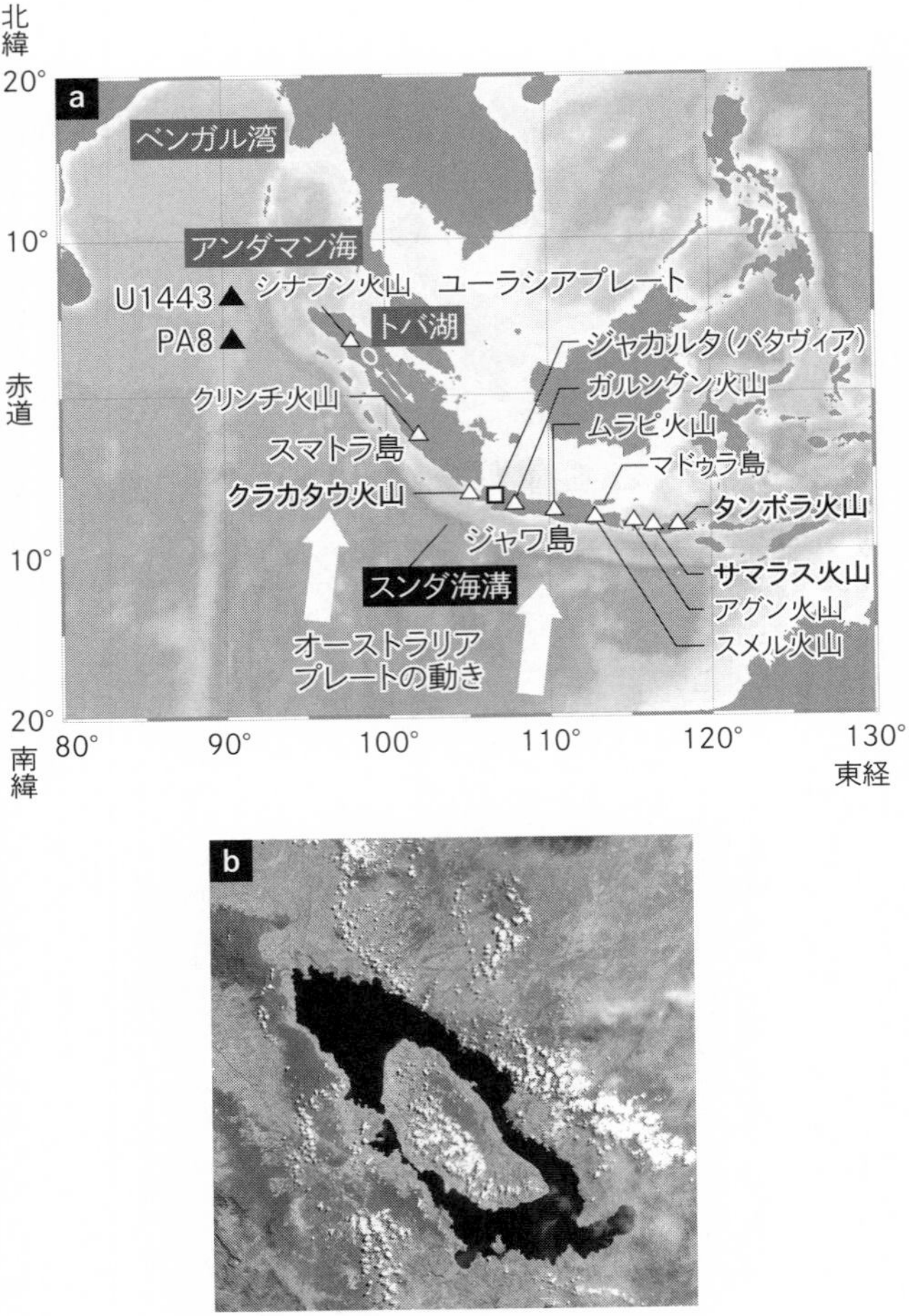

図4-1：aオーストラリアプレートが沈み込むスンダ海溝と、インドネシア列島における主要な島弧火山の位置（△印）、およびb世界最大のカルデラ湖であるトバ湖の上空写真（©Science Photo Library／アフロ）

です。絶滅しかねないほどの過酷な被害を受けたと考える人もいます。

その理由は、この巨大噴火が、地球の気候を激変させたからです。大量の火山灰が成層圏まで吹き上がり、地球全体を覆いました。すると太陽光の入射が妨げられるので、地表気温が低下します。極域の氷床に記録された過去の地球環境を復元してみると、トバ火山の最後の噴火による硫酸エアロゾルの異常ピークは6年も続いて検出され、年平均気温は一気に3~5℃も低下したことがわかります。いわゆる「火山の冬」です。

太陽光を失った植物や動物に壊滅的な被害の及んだことは想像にかたくありません。東南アジアの熱帯林では、森林の消失とともに生物多様性が急減しました。インド中央部では、その後1000年も植生の戻らなかったことが、地層に残された花粉の分析から明らかにされています。世界的な食糧不足に、人類も容赦なく襲われたことでしょう。疫病が蔓延したかもしれません。

トバ火山がどれほど凄《すさ》まじい噴火だったのか、噴火によって放出された噴出物の量（体積）を、他の火山と比較してみましょう。表4-1は、第四紀（直近の258・8万年）に噴火した世界の火山のうち、特に規模の大きかった火山のデータをまとめたものです。

7万4000年前のトバ火山噴出物（火山灰、テフラYTT）の推定量は、2500~3000立方キロメートルと抜きん出て多く、これに肩を並べられるのは、206万年前にアメリカの

火山 （テフラ名）	国名 （地域）	噴火年代	火山灰の総体積 （マグマの体積） （km³）
トバ（OTT）	インドネシア （スマトラ島）	84万年前	（500）
トバ（MTT）	インドネシア （スマトラ島）	50万1000年前	（60）
トバ（YTT）	インドネシア （スマトラ島）	7万4000年前	2500 ～ 3000
サマラス	インドネシア （ロンボク島）	1257年	（40以上）
タンボラ	インドネシア （スンバワ島）	1815年	150（50）
クラカタウ	インドネシア （クラカタウ島）	1883年	18 ～ 21
洞爺	日本（北海道）	11万2000 ～11万5000年前	150以上
阿蘇4	日本（熊本県）	8万5000 ～ 9万年前	600以上
姶良	日本（鹿児島県）	2万6000 ～ 2万9000年前	450以上
鬼界（アカホヤ）	日本（鹿児島県）	7300年前	170以上
白頭山苫小牧	中国・北朝鮮国境	10 ～ 11世紀	50以上
ランギタワ	ニュージーランド （北島）	34万～ 34万5000年前	300 ～ 1000
ロトイチ	ニュージーランド （北島）	6万4000年前	240
カワカワ	ニュージーランド （北島）	2万6500年前	750以上
タウポ	ニュージーランド （北島）	1850年前	120
イエローストーンI	アメリカ （ワイオミング州）	206万年前	（2500以上）
ロングバレー	アメリカ （カリフォルニア州）	75万9000年前	（500）
イエローストーンIII	アメリカ （ワイオミング州）	66万年前	（1000以上）
マイポ	チリ・アルゼンチン国境	45万年前	（450）
ロス・チョコヨス	グアテマラ	8万4000年前	（270 ～ 280）
カンパニア	イタリア	3万6000 ～ 3万7000年前	500
ミノア	（エーゲ海）	前16 ～ 17世紀	40以上

表4-1：第四紀（258万8000年前～現在）に噴火した巨大火山のデータ　トバ火山の3回の噴火は、「Oldest Toba Tephra（最も古いテフラ：OTT）」「Middle Toba Tephra（中間期のテフラ：MTT）」「Youngest Toba Tephra（最も若いテフラ：YTT）」と呼び分けられている（町田・新井（2003）に基づく）

イエローストーンIで起こったと推定される巨大噴火しかありません。

日本列島とその周辺でも、数万年ごとに破局的な大噴火が起こっていますが、それらの規模は、トバ火山に比べれば数分の1からひと桁以下のレベルにとどまっています。

トバ火山の噴火がいかに巨大なものであったか、その残された火山灰をインド洋の海底に探ってみました。

4-2　鬼界カルデラの超巨大噴火を5倍以上も上回る規模

巨大な噴火は、莫大な量の火山灰を放出します（厳密には「火山砕屑物《さいせつぶつ》」と書くべきですが、本書では「火山灰」で統一します）。噴火の規模が大きいほど、火山灰は火山のはるか遠方まで飛んでいきます。そこで、陸上や海面に降下して堆積層となった火山灰（このような火山灰を「テフラ」とよびます）を詳しく調べることで、その火山噴火の時期や規模の大きさを推定することが可能です。

図４-２に、インド洋から西太平洋にかけて観察される火山灰の分布を示しました。トバ火山や、その他の火山による火山灰が、インド半島から東南アジア南方海域にかけて、広い範囲に分布していることがわかります。

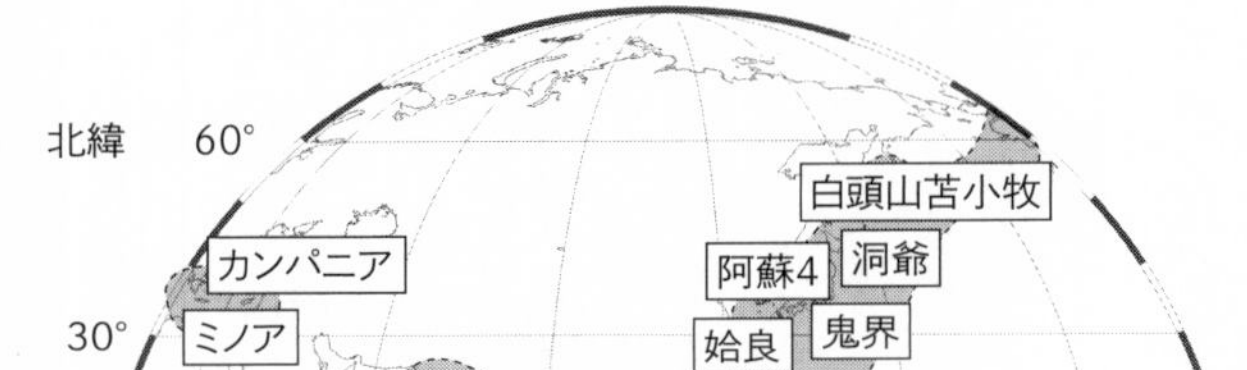

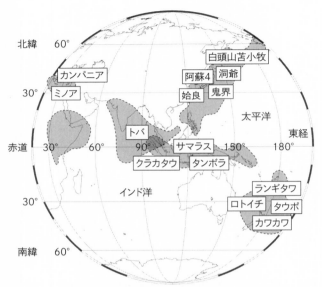

図4-2：インド洋と西太平洋における火山灰の分布と主要な火山名
（町田・新井（2003）に基づく）

１９９６年に、研究船「白鳳丸」（54ページ図２－１参照）を用いて東インド洋一帯をめぐり、海水や海底堆積物の総合的な調査をおこなったことがあります。

その際、スマトラ島の西側の海域で、海底から円柱状の堆積物を採取しました。その場所は、図４－１aに「ＰＡ８」とある東経90度海嶺の山頂部（深度１９３０メートル）で、ちょうどトバ火山灰の広がる海域の真ん中あたり（図４－２でいえば、「トバ」の「バ」の文字のあたり）です。

採取に用いたのは、太さ９センチメートル（内径８センチメートル）、長さ10メートルのアルミニウム製の円管《パイプ》からなる「ピストンコアラー」でした。ピストンコアラーとは、円管の上部をごく重くしておき、この円管を海底直上で自由落下させて海底深くに突き刺すことによって、円管の内部に海底堆積物を回収する装置のことです。

噴火から7万4000年が経過しているので、火山灰の上には通常の堆積物が降り積もっているはずですが、その厚さはせいぜい1～2メートル程度と推測されます。ピストンコアラーをそれ以上深く刺すことができれば、トバ火山灰の層が見えるかもしれない――。ぼくたちは興味津々でこのアルミ管を海底まで降下させました。

ところが、ピストンコアラーを船上に引き上げてみると、残念なことに、アルミ管は先端から2メートルくらいのところで、ぐにゃりと曲がっていました。堅い地層にぶつかって、それ以上先へ刺さらなかったのです。

それでも、円管の中には、海底下175センチメートルまでの堆積物が入っていました。その上部125センチメートルは、炭酸カルシウムに富むふつうの海底堆積物でしたが、その下側に堅い火山灰層（トバ火山灰と思われる）がずっと続いており、厚さ50センチメートルまで断ち切れていました。つまり、PA8におけるトバ火山灰の厚みは、50センチメートルを超えていたのです。

なんという厚さ！　まさに呆《あき》れるばかりでした。PA8からトバ火山（トバ湖）までは、約1

000キロメートルも離れているのです。トバ火山の巨大な噴火は、いったいどれほどの火山灰をインド洋に撒《ま》き散らしたのでしょうか。表4－1の数字だけではイメージしづらいですが、実物を目にすることで、現実感をひしひしと感じました。

その後、2014年に掘削船「ジョイデスリゾリューション」号がPA8の北方、約200キロメートル（図4－1aの観測点「U1443」）で海底堆積物を採取していますが、そこでも厚さ62センチメートルに及ぶトバ火山灰を観察しています。

このトバ火山の噴火を、約7300年前に九州南方の鬼界カルデラで起こった超巨大噴火と比べてみましょう。南九州の縄文人を壊滅させたともいわれる噴火です。

この噴火でも、やはり莫大な量の火山灰（アカホヤ火山灰——「アカホヤ」は、宮崎県における火山灰土壌の俗称）が放出され、偏西風に乗って飛散していますが、ほぼ1000キロメートル離れた関東地方での降灰は約10センチメートルでした。これでも大変な厚みなのですが、同等の距離の地点に少なくとも50センチメートル以上の火山灰を降らせたトバ火山噴火の凄まじさは、文字どおり想像を絶するものがあります。

4-3 スンダ海溝で起こっていること——恐るべき火山を形成するしくみ

話を128ページ図4－1aに戻します。なぜインドネシアには、たくさんの火山があり、大規模な火山噴火がひんぱんに起こるのでしょうか？

その答えを探るために、インド洋の深海底に注目してみましょう。

インド洋の北東部に、インドネシアの島々を外側からくるむように延びている弧状の深淵、スンダ海溝があります（図4－1a）。スンダ海溝は、インド洋唯一の海溝で、全長4500キロメートルという長さは、海溝のなかでは世界最長といわれます（『理科年表』による）。

このスンダ海溝からインドネシアの島々へと続く地球深部に、恐るべき火山を形成するしくみがひそんでいました。

第1章でお話ししたように、北上するオーストラリアプレートは、スンダ海溝でユーラシアプレートの下側に沈み込んでいます。海のプレートであるオーストラリアプレートは、その内部に豊富な水を含んでいるので、深部へ沈み込むにつれて、大量の水がしみ出してきます。

この水によって、ユーラシアプレートの下側ではマントルの岩石の組成が変化して融点が下がり、溶岩（マグマ）ができやすくなります。発生したマグマは、地表に向かって上昇し、ついには噴火にいたります（図4－3）。

このような火山のことを、「島弧《とうこ》火山」とよんでいます。海溝と合わせた全体を、「島弧－海溝系」とよぶこともあります。図4－1aから明らかなように、たくさんの島弧火山が、湾曲した

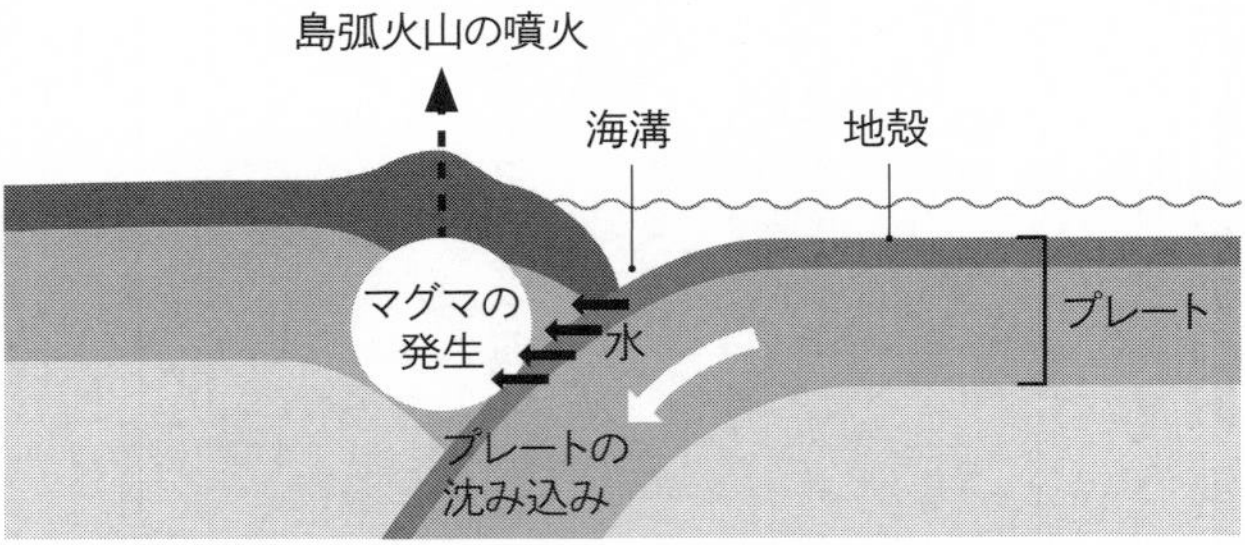

図4-3：島弧-海溝系において、島弧火山の噴火にいたるメカニズム

スンダ海溝の向こう側に、海溝とほぼ平行して点々と生み出されてきました。スマトラ島からジャワ島、さらにその東へ続く島々からなるインドネシアの国土全体が、まさにこの火山列からできています。

お気づきの方も多いと思いますが、このような島弧-海溝系の火山活動は、日本列島とよく似ています。東北日本から伊豆・小笠原諸島へと南北に連なる日本列島の島弧火山群は、その東側に延びる海溝（千島・カムチャツカ海溝、日本海溝、伊豆・小笠原海溝）において、太平洋プレートが西向きに沈み込むことによって形成されたものです。

島弧火山のしくみに興味をお持ちの方は、拙著『太平洋 その深層で起こっていること』の第5章「島弧海底火山が噴火するとき」もご参照ください。そこに掲げた日本列島の島弧火山の生成メカニズム（同書の147ページ図5-1）は、インドネシアの島弧火山にもほぼあてはまります。

ところで、オーストラリアプレートは、インド洋をほぼ北向きに拡大しているので、スマトラ島に接するあたりのスンダ海溝では、図4-1aからわかるように、海溝軸に直角ではなく、斜めの角度で沈み込んでいます。その結果、スマトラ島の地下深部には、図4-1aに白抜きの細い矢印で示したような横ずれ断層（「スマトラ断層」とよぶ）が発達します。

このような断層が、横並びにいくつも並ぶと、隣り合った断層どうしをつなぐように割れ目が形成されやすくなります。こうした割れ目を、「引っ張る力によってできる空間」という意味で「プルアパート部」とよびます。その直下に火山があると、このプルアパート部に大量のマグマが蓄積されていきます。そして満杯になるまで噴火しません。

トバ火山が、数十万年という非常に長い時間間隔をあけて、超巨大噴火を繰り返してきたのは、大容量のプルアパート空間があるためだろうと考えられています。つまり、大量のマグマが少しずつ溜まっていき、いよいよ満杯になったときに一気に放出され、大噴火にいたるというメカニズムです。

一方、我が国の火山では、地下にこれほど大容量のマグマだまり空間をつくるしくみが存在しないため、トバ火山級の超巨大噴火は起こりにくいと考えられています。

4-4 地球から夏を消失させた巨大噴火その①——1257年、サマラス火山

トバ火山は、驚異的な量の噴出物をばらまき、地球環境に多大な影響を与えたことが、古環境の復元研究によって明らかにされています。萌芽期の人類が甚大な被害を受けたことは容易に想像できますが、なにしろ7万年以上も前の出来事なので、はっきりした証拠に乏しいことは否めません。

もっと現在に近い歴史時代に入ると、文字で書かれた記録をもとに、具体的な状況が再現できるようになっていきます。

そこで以下では、過去1000年間に注目することとしましょう。インドネシアではこの間、少なくとも3回の「破局的」とよぶべき巨大噴火が発生したことがわかっています。サマラス火山(リンジャニ火山)、タンボラ火山、そしてクラカタウ火山です。

これらの火山が引き起こした巨大噴火を、一つずつ見ていくことにしましょう。

サマラス火山とは、かつてロンボク島にあった火山です(128ページ図4-1a参照)。じつは、この火山の大噴火の時期が確定したのは、ごく最近の2013年のことでした。

それまでは、「1257年に、世界のどこかで、ものすごい大噴火が起こっている。それは極

域の氷床コアに火山噴出物の記録がはっきり残っているから確実なのだが、いったいどこの火山なんだろう？」というように、火山探しが続いていました。最近になってやっとその正体が、サマラス火山だったことが判明したのです。

この巨大噴火によって、噴火前は標高が約4200メートルあったと推定されているサマラス火山の山体はそっくり吹き飛び、現在はリンジャニ山（標高3726メートル）に隣接するカルデラ湖として、その痕跡をとどめています。湖のほぼ中央には火口丘が成長しており、トバ火山と似た状態にあります。

13世紀当時のロンボク島を支配していた王国が、この噴火によって壊滅的な被害を受けたことが、古ジャワ語で書かれた古文書（ヤシの葉に綴《つづ》られているそうです）に記録されていました。その内容を裏付けるための調査が、パリ大学のラヴィーニュ博士を中心に進められ、現地での地質調査や、放射性炭素による年代測定法が駆使された結果、間違いなく1257年にここで噴火のあったことが証明されたのです。

サマラス火山の噴火によって大量の噴煙が成層圏にまで達し、世界の気候に大きな影響を与えました。噴煙の中には、火山ガス（二酸化硫黄）からできた大量の硫酸や硫酸化合物が含まれています。これらは「エアロゾル」とよばれる微粒子をつくり、1〜3年の長期にわたって地球大気を広く覆ってしまいます。その結果、図4－4に示すように太陽光線が遮られ、地表の気温を

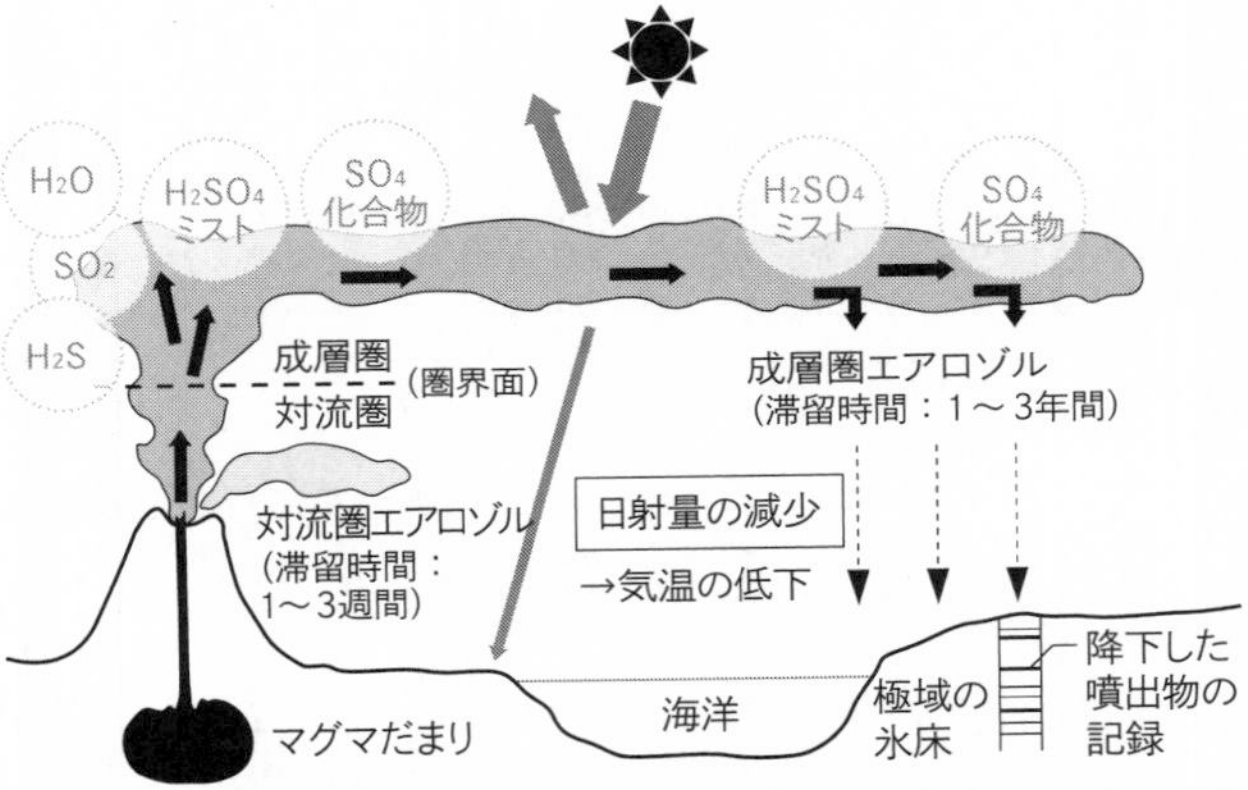

図4-4：超巨大噴火が成層圏まで噴き上げる硫酸エアロゾルの雲と、それによって引き起こされる太陽光の遮蔽のイメージ図

低下させます。

エアロゾル微粒子が北極や南極付近に降下すると、極域で年々成長する氷床に記録されます。その氷床をボーリングして、過去の巨大噴火の歴史をたどることができます。

図4-5はその一例で、グリーンランドで採取された氷床コア試料から検出された硫酸塩エアロゾルの含量記録です。サマラス火山によるピークが、目立って大きいことがわかります。

インド洋からは遠く離れた中世ヨーロッパにおいて、この時期の古文書をたどってみると、確かに噴火の翌年にあたる1258年は異常な低温でした。「夏のない年」となり、そのうえ洪水も重なって、農作物に甚大な被害が出たとの記録があります。

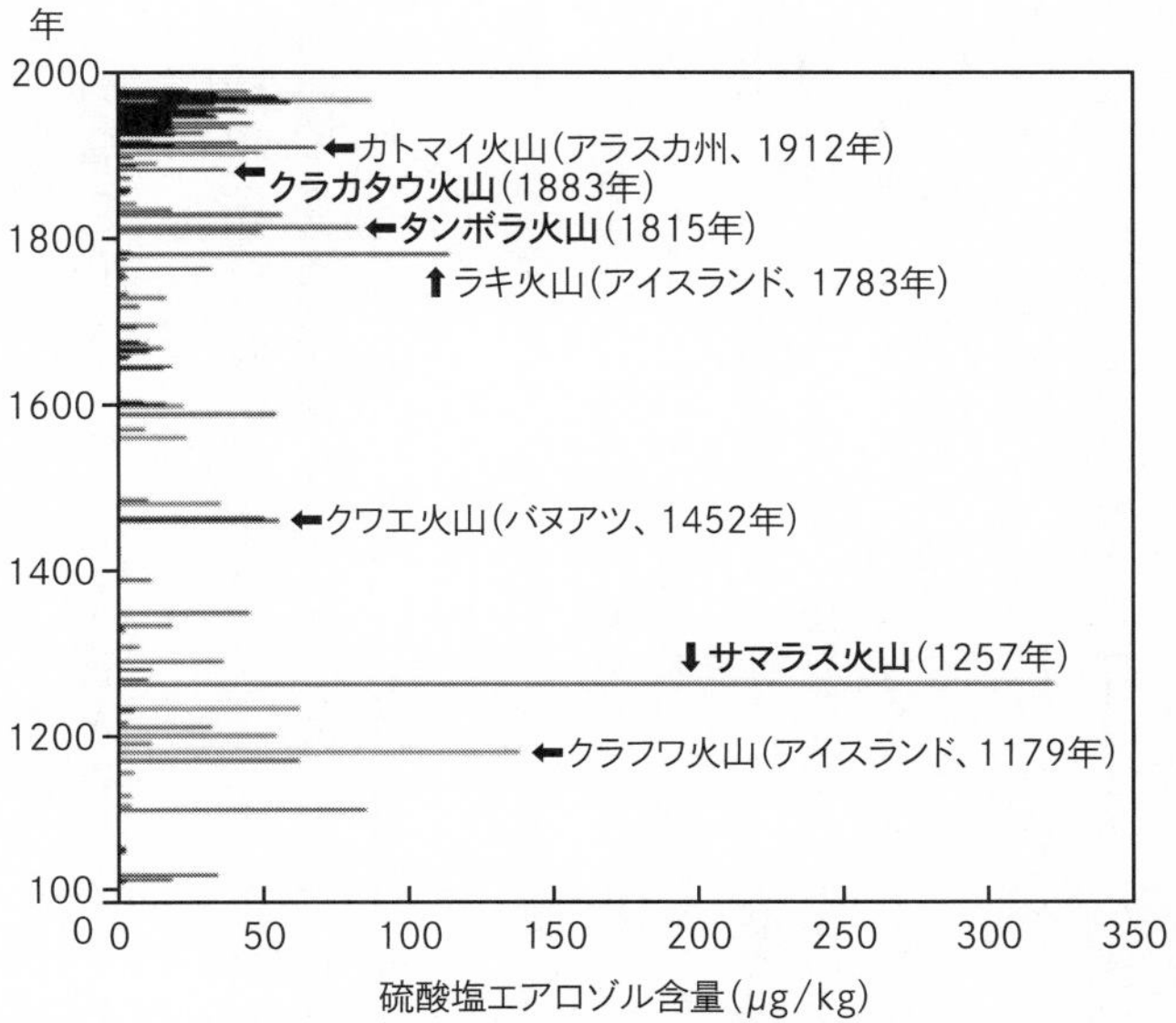

図4-5：グリーンランドの氷床コアに記録されていた過去1000年間にわたる巨大噴火の痕跡（Oppenheimer（2003）による図を改変）

4-5

地球から夏を消失させた巨大噴火その②——1815年、タンボラ火山

15世紀になると、西欧の大航海時代が幕を上げ、インドから東南アジア地域は、香辛料貿易などに魅せられた欧州列強による支配が強まっていきました。そして19世紀、オランダの植民地として近代化が図られつつあったインドネシアで、ふたたび破局的な火山噴火が立て続けに発生します。

1815年に起きたタンボラ火山と、1883年に起きたクラカタウ火山の噴火です。

タンボラ火山（128ページ図4-1a参照）は、ロンボク島の東隣、スンバワ島にあります。現在の標高は2851メートルの成層火山（富士山のように円錐《えんすい》形をした火山）です。しかし、噴火前の標高は約4300メートルと推定され、インドネシアを代表する高峰の一つでした。

1815年4月10日から12日にかけて起こった猛烈な噴火で山体の上部が吹き飛びました。また、山頂部は陥没し、直径約6キロメートル、深さ約600メートルに達する、巨大な円形のカルデラとなっています。

噴火による火砕流の直撃を受け、島民1万2000人のほとんどが犠牲になりました（生き残ったのは、わずか26名でした）。さらに、最大波高4メートルの津波が近接する他の島々を襲

い、甚大な被害をもたらしました。その後の飢餓や疫病による死者も加えると、犠牲者は10万人を超えると推定されています。

たまたま近くにいたオランダの軍艦は、「空が真っ暗になり、それは昼になっても続き、空気中に細かい灰が充満していた」と報告しています。500キロメートル離れたマドゥラ島（図4-1a参照）では、火山灰のために3日間も真っ暗の状態が続いたといわれています。

噴煙は、最大高度43キロメートルの成層圏まで到達しました。サマラス火山のときと同じように、成層圏に大量の硫酸エアロゾルが残留して太陽光を遮蔽し、全世界に異常低温をもたらしました。

翌1816年は「夏のない年」となり、北ヨーロッパ、アメリカ北東部、カナダ東部などで、農作物が壊滅的な被害を受けています。食糧不足はさまざまな社会的動揺を招き、疫病（コレラ）や暴動が各地で頻発しました。

4-6　地球から夏を消失させた巨大噴火その③——1883年、クラカタウ火山

1883年に起こったクラカタウ火山（「クラカトア火山」ともよぶ）の噴火は、火山活動の規模だけからすれば、サマラス火山やタンボラ火山をしのぐものではないかもしれません。しか

し、はるかに強い印象を世界の人々に与え、長く語り継がれる噴火となっています。

その理由として、二つのことが考えられます。

クラカタウ火山（128ページ図4－1a参照）が、オランダ領東インドの政治的中心地であった大都市バタヴィア（現在のジャカルタ）に近かったという地理的な要因が一つ。つまり、目撃者や被害者が圧倒的に多かったこと。

そしてもう一つ、当時の国際社会が、産業革命にともなう科学技術の進展により、急速な近代化のさなかにあったという時期的な要因も無視できません。

たとえば、19世紀中頃は、電信技術の革新、すなわち海底ケーブル通信の黎明期《れいめい》でした。インドネシア周辺で最初の海底ケーブルが、ジャワ島とシンガポールおよびオーストラリアとのあいだに敷設されたばかりで、これと陸上の通信ネットワークがつながり、火山噴火とその後の悲惨な状況は、わずか1～2日のうちに西欧諸国やアメリカへと配信されました。

地球の反対側に位置する先進諸国が、この巨大噴火の成りゆきを、固唾を呑んで注視したのです。70年足らずの時間差ではありますが、タンボラ火山のときとはまったく違う時代状況でした。

ところで話が脇道にそれますが、初期の海底ケーブルは防水技術が未熟で、すぐに断線する不良品でした。そんなとき、優れた防水ゴムとして天然樹脂「グッタペルカ（ガタパーチャともいう）」が発見され、このゴムで被覆した海底ケーブルの良品が急速に普及しました。グッタペルカの木は熱帯産の常緑高木で、その主要な原産地は、他ならぬインドネシアです。グッタペルカで被覆された海底ケーブルを通じて世界を駆けめぐった最初の大事件がクラカタウ火山噴火であったというのは、なんとも皮肉なめぐり合わせでした。

話をクラカタウ火山に戻しましょう。

クラカタウ火山は、スマトラ島とジャワ島に挟まれたスンダ海峡に点在する、小規模な島々の集合体です。過去数万年、あるいはもっと以前から、おだやかな火山活動が継続して火山島が成長し、やがて大爆発を起こして島が陥没、そのあとにふたたび島が成長、というように、成長と破壊のサイクルを繰り返してきたと考えられています。

1883年5月10日から群発地震が始まり、5月20日に、群島のなかで最大面積のクラカタウ島（当時の面積は約39平方キロメートルで、伊豆大島の5分の2程度の大きさ）で、最初の大噴火が起こりました。噴煙が11キロメートルも立ち上ったと記録されています。しかし、これはまだ、序の口にすぎませんでした。小規模な噴火がしばらく続いたあと、同年8月26〜28日にかけて、歴史的な超巨大噴火の時がやって来ます。

とりわけ激烈な噴火が、8月27日の現地時刻5時30分、6時44分、10時2分、および10時52分の4回にわたって起こり、その噴煙は最大36キロメートル上空の成層圏にまで上昇しました。

その影響で、またも全地球的に太陽光線の遮蔽が起こり、翌1884年は、世界各地で冷夏に見舞われることになります。

4-7 インド洋中に轟きわたった「世界最大の音」の正体

たび重なる猛烈な噴火によって、クラカタウ島の形状は一変します。陸地部分は南側の3分の1を残すのみで飛散・陥没し、海底には巨大なカルデラが形成されました。

この噴火は海面付近で起こったために、吹き飛んだ山体や流れ出した溶岩が、そのまま海に落下しました。その結果、海面が大きく上下し、高さ30メートルに達する巨大津波が発生するという悲劇を生みました。津波はスマトラ島やジャワ島の沿岸を襲い、165ヵ村が破壊され、噴火と津波による犠牲者は3万6400名を超えたといいます（もっと多かったという説もあります）。

そして、クラカタウ火山の名称をいやが上にも高めたのが、その凄まじい噴火音でした。なんと4800キロメートルも離れたロドリゲス島（当時はイギリス領）まで噴火音が届いたというから驚きです。そのときのロドリゲス島の警察本部長が几帳面《きちょうめん》で職務に熱心な人だったとみられ、勤務日誌に「夜間（8月26日から27日にかけて）数回、遠くで重砲が轟《とどろ》くような音が東の方

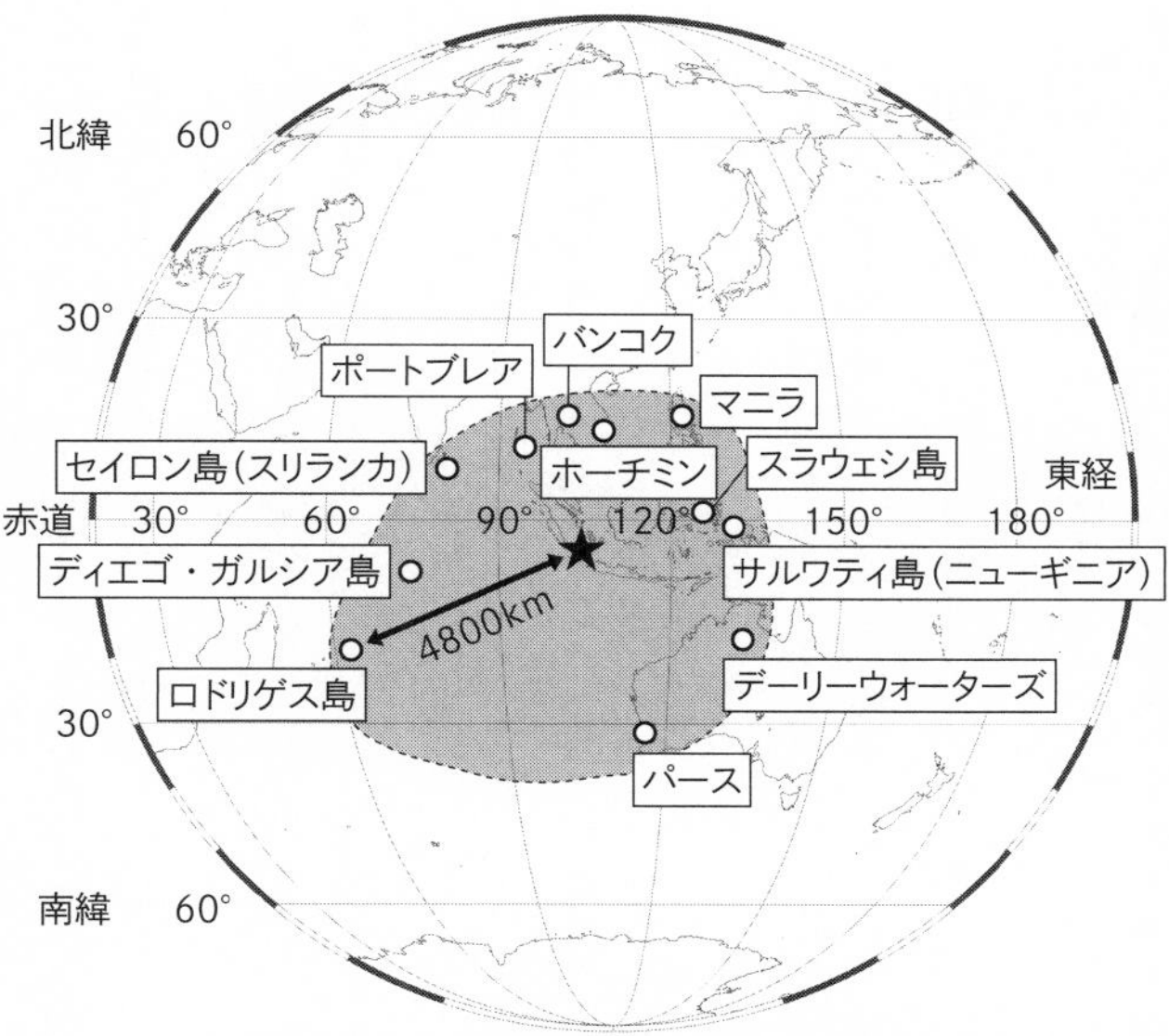

図4－6：1883年のクラカタウ火山噴火音の到達範囲（ウィンチェスター（2004）に基づく）

向から聞こえる。音は３～４時間おきに27日の午後３時になるまで続いた」と、貴重な記録を残してくれたのです。

このときのクラカタウ火山の噴火音は、歴史時代を通じて、世界最大の自然音だったかもしれません。空中を伝わった自然音の到達距離として、４８００キロメートルは世界最長記録とされています。

ロドリゲス島のほかにも、さまざまな場所で、噴火の轟音《ごうおん》がキャッチされました。それらをまとめると図４－６になります。ディエゴ・ガルシア島（英領チャゴス諸島）、スリランカ、オーストラリア、フィリピンなど、インド洋から西太平洋沿岸にいたるまで多数の遠隔地が含まれています。

クラカタウ火山から、約150キロメートル離れたバタヴィアで聞こえた噴火音の大きさ（音圧）は、気圧計の記録（噴火による衝撃波のため、瞬間的に気圧が上昇した）から約170デシベルと推定されています。この数字だけではピンときませんが、電車の通るガード下で100デシベル、飛行機の爆音がその10倍の120デシベルで、170デシベルはそのさらに数百倍の音に相当します。まさに想像を絶する爆音です。

クラカタウ火山からわずか数十キロメートルのスンダ海峡を航行中だったイギリス船「ノラム・キャッスル」号は、なんとも悲惨でした。凄まじい激烈音に襲われた乗船者のなんと半数が、鼓膜を破られてしまったというのです。

その後、クラカタウ火山は、数十年ほど鳴りをひそめました。

しかし、1927年になると海底で噴火が始まり、翌1928年にアナック・クラカタウとよばれる新島が、かつてのクラカタウ島と同じあたりに顔を出しました。「アナック」とは、マレー語で「子ども」を意味します。

アナック・クラカタウ島は、毎年数メートルずつ成長を続け、標高が338メートルとなった2018年12月22日、ついに大規模な噴火を起こしました。山体は大きく崩れて3分の1を残すのみの標高110メートルになり、発生した津波（最大5メートル）によって400名以上が犠牲になりました。

その後も、噴火から目の離せない状態が続いています。

4-8 スマトラ島沖地震とインド洋大津波

クラカタウ火山噴火では、大規模な山体崩壊が海面を大きく揺さぶり、巨大な津波が発生しました。その前のタンボラ火山噴火も、中程度の規模の津波をともなっています。また、サマラス火山についてはよくわかっていませんが、大量の噴出物が海へ降下し、津波を引き起こした可能性は高いでしょう。

このような火山噴火に起因する津波のほかに、地震によって発生する津波もあります。むしろ、こちらのほうがよく知られた現象かもしれません。

オーストラリアプレートが沈み込んでいるスンダ海溝は、日本列島の東側に連なる海溝群と同様、〝地震の巣〟でもあります。プレート沈み込み帯では、沈み込むプレートと陸側のプレートとのあいだに摩擦が生じ、あちこちにひずみが蓄積されるためです。ひずみが限界に達し、岩石が破壊されると地震が発生します。

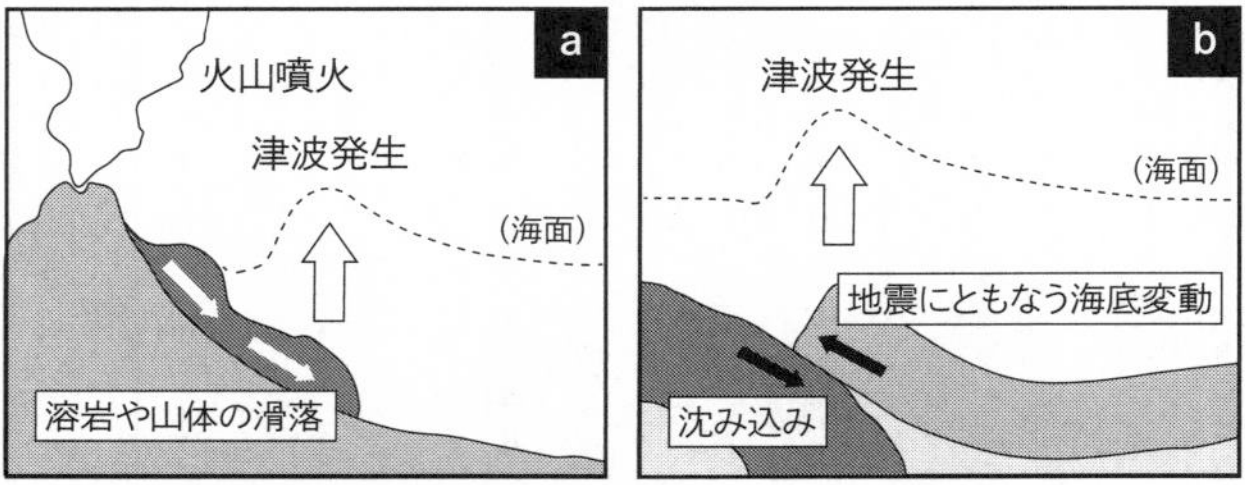

図4－7：津波が発生する2種類のメカニズム　aは火山噴火による津波、bはプレート沈み込みによる海底の地殻変動（地震）による津波

その結果、海底が急激に動き、それが海底上部の海水に伝わるのが地震津波です。日本近海の海溝でも、まったく同じことがときどき起こります。

図4－7は、火山噴火によって生じる津波と、地震によって生じる津波について、それぞれの発生メカニズムを模式的に示したものです。インド洋北東部、特にインドネシアのスンダ列島周辺は、この2通りの津波に繰り返し襲われてきました。

スンダ海溝とスンダ列島に挟まれた海域では、図4－8に示したように、1900年以降だけに限っても、数年〜数十年ごとに大規模な地震が繰り返し起こっています。大きな津波をともなうこともあり、その最たるものが、2004年に起こったスマトラ島沖地震とインド洋大津波でした。

2004年12月26日、マグニチュード9・1という巨大地震が、スマトラ島の西方海域（図4－8に太い丸印で表示）の海底下、約10キロメートルの深さで発生しました。

マグニチュード9・1といえば、めったに起こらない超巨大

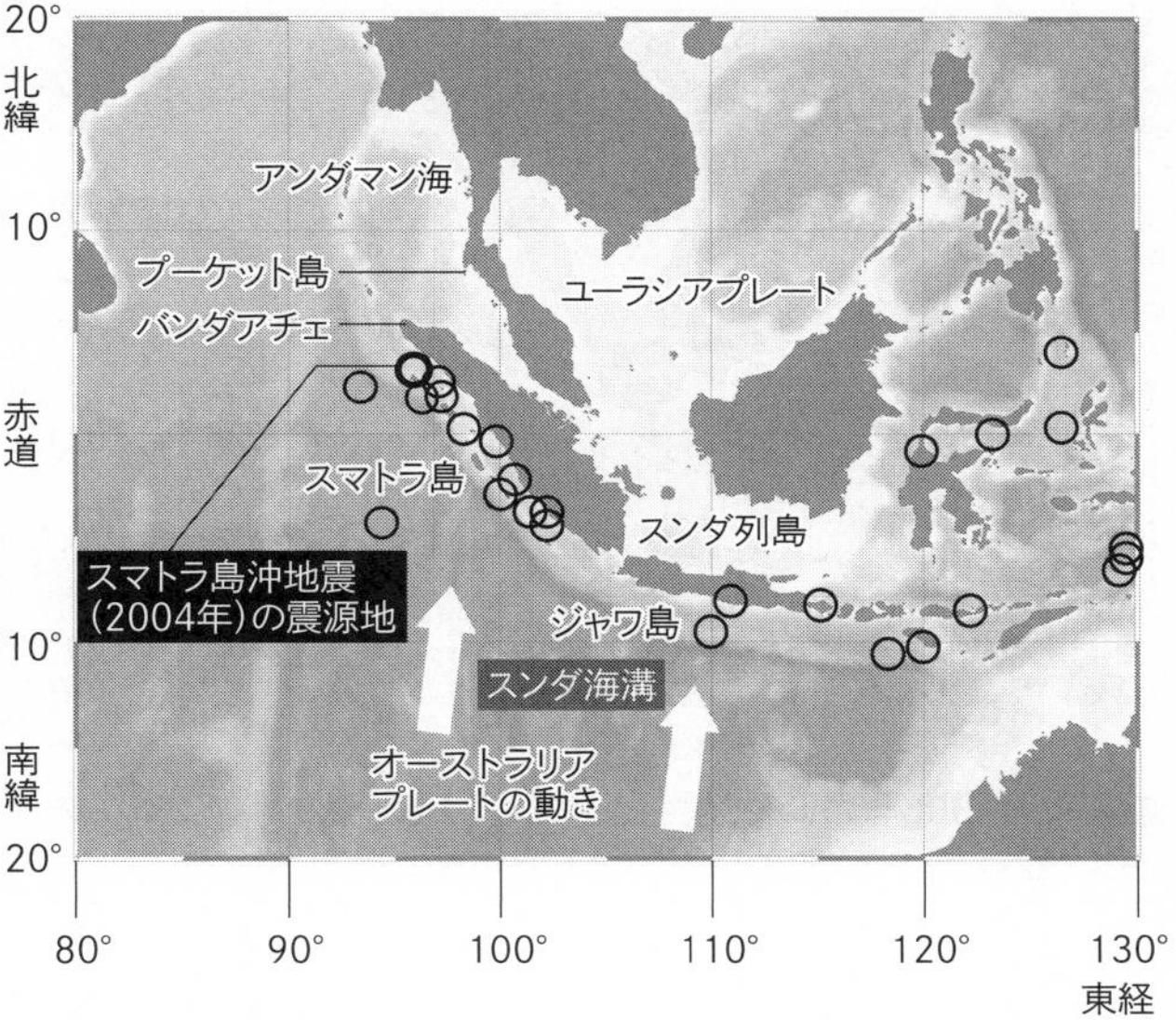

図4-8：インドネシア近海で1900年以降に発生した大規模な地震の震源位置（『理科年表2020』による）

地震です。全世界で1900年以降に起こったマグニチュード9・0以上の地震を表4-2に示しましたが、2011年の東北地方太平洋沖地震を含め、わずか5例しかありません。

2004年のスマトラ島沖地震では、震源域から北方へ1000キロメートル以上という驚異的な長さの破壊帯（逆断層）が延びていき、同時に発生した高さ10メートルに達する大津波が、インド洋の四方八方へと拡がりました。

津波は、陸に近づくにつれて、地形的な影響で高さを増していきます。震源に近いスマトラ島北部

発生日時	震源の緯度・経度		国名	地震名	M	死者・行方不明者
1952年11月4日	北緯52度18分	東経161度00分	ソ連（当時）	カムチャツカ地震	9.0	（多数）
1960年5月22日	南緯39度30分	西経74度30分	チリ	チリ地震	9.5	5700名
1964年3月27日	北緯61度00分	西経147度48分	アメリカ	アラスカ地震	9.2	131名
2004年12月26日	北緯3度18分	東経95度59分	インドネシア	スマトラ島沖地震	9.1	22万7898名
2011年3月11日	北緯38度18分	東経142度22分	日本	東北地方太平洋沖地震	9.0	2万2000名

表4-2：1900年以降に発生したマグニチュード（M） 9.0以上の超巨大地震（『理科年表2020』による）

の西海岸には、15～35メートルの津波が繰り返し来襲し、島の北端にあるバンダアチェ市では、人口25万人のうち約３万人が津波の犠牲になりました。

アンダマン海に面するタイのリゾート地、プーケット島も５～10メートルの津波に襲われ、死者５０００名以上と報じられました。ミャンマーやマレーシアでも、犠牲者は１００名を超えています。

この津波はさらに、インド洋の南方や西方へもジェット機なみのスピードで伝わり、インド洋全域をほぼ同心円状に嘗《な》め尽くしました。インドとスリランカには約２時間で襲来し、それぞれ約１万７０００名と約３万５０００名が死亡しています。モルディブ（１０８名）、イエメン（２名）、ソマリア（２８９名）、ケニア（1名）、タンザニア（13名）などの国々にも4～8時間で到達し、（　）内に示した人的被害（死者数）の他にも、さまざまな惨状をもたらしました。

2004年のスマトラ島沖地震をきっかけに、インドネシア島弧－海溝系における火山や地震活動が活発化したという見方もあり、この海域からますます目の離せない状況が続きそうです。

場所こそ違え、大規模な地震と津波、あるいは火山噴火は、日本列島でも今後、必ず起こる自然現象であり、自然災害です。決して、はるか対岸の他人事ではありません。いわゆる「3・11」、2011年の東北地方太平洋沖地震は、いまなお記憶に新しいところです。

火山噴火については、7300年前（縄文時代）の鬼界カルデラ噴火の後、日本列島は幸運にも、130ページ表4－1に載るような破局的な巨大噴火を免《まぬか》れてここまで来ました。しかし、いつかまた必ず巨大噴火が起こることは、歴史が証明しています。

こと自然災害に関して、日本列島は「想定外」のない国土です。まるでふたごのようなインド洋北東部で生じる自然現象にも学びながら、つねに備えを怠らないようにしたいものです。

COLUMN ❹

ようやく判明したインド洋「最深点」

インド洋でいちばん深い海底は？　と問われたら、唯一の海溝であるスンダ海溝のどこかでしょう、というのが無難な回答かもしれません。

しかし、インド洋にはもう1ヵ所、非常に深い場所があるのをご存じでしょうか。それは、オーストラリア大陸の西方にある、ディアマンティナ断裂帯という、海溝のように細長い急崖地形です（19ページ図1－3参照）。

スンダ海溝とディアマンティナ断裂帯の、いったいどちらがより深いのでしょうか？　従来は「おそらくスンダ海溝だ」といわれてきましたが、計測データはまちまちで誤差も大きく、はっきり結論が出せる高精度の測深データが最近まで存在しませんでした。

じつは、2019年にインド洋で画期的なミッションが実行されたことで、ようやく決着がついたばかりなのです。

アメリカの冒険家、ヴィクター・ヴェスコーヴォ氏がこの年、自ら建造した二人乗りのフルデプス潜水船「リミティング・ファクター」号を従えて、世界中を航海しました。フルデプス潜水船とは、世界中のどんな深さの海でも潜ることができる1万1000メートル級の潜水船のことです。

　そのミッションは常人の度肝を抜くもので、世界で初めて、五大洋（太平洋、大西洋、インド洋、南極海、北極海）すべての最深点に単独潜航するという画期的なものでした。

　この目的は、わずか9ヵ月のうちに、見事に完遂されました。その詳細は、拙著『なぞとき　深海1万メートル』（窪川かおるとの共著、講談社）に記述しましたので、興味のある方はぜひお読みください。

　まず大西洋と南極海での潜航を終え、次がいよいよインド洋となったとき、ヴェスコーヴォ氏は、どこがインド洋の最深点なのかをはっきりさせるべく、最新のマルチビーム音響測深装置を駆使して、スンダ海溝とディアマンティナ断裂帯の正確な地図を作成しました。さて、軍配はどちらに上がったでしょうか？

　インド洋における最大深度7192メートルは、スンダ海溝の東側、南緯11度8分、東経114度57分で記録されました。一方、ディアマンティナ断裂帯で観測された最深値は、これにわずかに及ばない7019メートルで、その位置は南緯33度38分、東経101度21分でした。

　ヴェスコーヴォ氏は、スンダ海溝の最深点へ「リミティング・ファクター」号によって潜航し、世界初のインド洋最深点への単独潜航を見事に成功させました。

　ところで余談ですが、太平洋のマリアナ海溝やトンガ海溝では、最深点が1万メートルの大台を超えています（それぞれ1万920メートルおよび1万823メートル）。大西洋の最深

点であるプエルトリコ海溝でも、8375メートルあります。これらに対し、スンダ海溝での最深部が7192メートルと、かなり浅めなのはなぜでしょうか？

その原因の一つは、スンダ海溝のすぐ北方に、″インド洋の巨眼″のひとつ、ベンガル湾があるためと考えられます。第1章で述べたように、ベンガル湾には大陸から大量の土砂が流入してきます。その一部が海溝まで流れ込んで埋め立てているので、他の海溝に比べて浅くなっているのではないでしょうか。

この点では、日本列島の南岸沿いを東西に延びる「南海トラフ」と似たところがあります。南海トラフでは、北向きに移動するフィリピン海プレートが日本列島の下に沈み込んでおり、構造的には立派な海溝なのですが、富士川などの河川に由来する大量の砂や泥が、駿河《するが》湾を経由して南海トラフに運び込まれています。

そのため、南海トラフは最大水深が5000メートル弱しかなく、「6000メートルより深いこと」とされる海溝の定義に足りません。「トラフ（舟状《しゅうじょう》海盆）」の名称がつけられているゆえんです。

第5章 インド洋を彩るふしぎな生きものたち

——磁石に吸いつく巻き貝からシーラカンスまで

この章では、インド洋にひそむふしぎな生物──目に見えない微生物から大型魚類まで──に関する最近の興味深い話題をご紹介したい。

まず取り上げるのは、第2章の主テーマとしたインド洋の海底温泉に群がる熱水生物たちである。海底温泉は一般に、その周囲に信じがたいほど豊かな生態系をともなっている。だが、海底温泉はふつう、暗黒の深海底にある。太陽光線のまったく届かない、つまり、光合成の起こらない世界で、熱水生物たちは生命活動のエネルギーをいったいどこから得ているのだろうか？

そして、世界中の海底温泉を見渡してみると、熱水生物の顔ぶれが場所によって違っているのはなぜだろう？　インド洋の海底温泉で現在までに見つかっているのは、圧倒的にエビと巻き貝である。そして、その巻き貝のなかにはインド洋特有の希少な種が含まれている。最近になって絶滅危惧種に登録されたこの巻き貝──スケーリーフット──は奇怪にも、鉄の鱗《うろこ》を身にまとい、磁石に吸いつく。

「地球上の生命は、いかにして誕生したか？」──これは、地球と宇宙にまたがる最大の謎の一つだ。この謎を解くための有力な手がかりが、日本チームの発見したインド洋初の海底温泉「かいれいフィールド」から見つかった話は、ぜひみなさんに知っていただきたい。

インド洋を代表するふしぎな大型魚といえば、そう、シーラカンスをおいてほかにない。

じつに4億年にも及ぶ驚異的な長期間にわたって、その形態をほとんど変えることなく生き延びてきたシーラカンス——。その存続性の秘密は、いったいどこにあるのだろうか。

5-1 海底温泉に群がる無数の生物——海洋生物学者も驚いた！

1970年代の終わり頃、東太平洋の深海底（深さ2500メートル）で海底温泉が初めて見つかったとき、海洋生物学者の受けた衝撃はたいへんなものでした。海底温泉の周囲に、管状のチューブワーム（和名・ハオリムシ）や巨大な二枚貝（シロウリガイ）、コシオリエビなどの生物群が、ところ狭しとばかりに密集していたからです（図5-1）。

それ以前の常識では、深さ何千メートルという深海底には、「肉眼で見えるような大型生物はほとんど存在しないはず」でした。その理由は、端的に「食べ物がごく少ない」から。太陽光線を欠き、光合成の起こらない深海底では当然といえます。

海水中の生命活動は、光合成から始まる食物連鎖につながっていなければならず、暗黒の深海底にすむ生物にとっては、はるか彼方《かなた》の海面からごくごくまれに降下してくる、わずかな有機物が頼みの綱なのです。深海底とは、陸上でいえば、さしずめ砂漠のような寂寞《せきばく》とした場所と見なされていました。

図5-1：東太平洋海膨（北緯21度）の熱水生物群集（Fred. N. Spiess撮影）

そのような常識が、もろくも根底から覆《くつがえ》ってしまいました。そして、海底温泉からハオリムシを採取して解剖し、彼らが何を食べているのかを突き止めようとした研究者は再度、愕然《がくぜん》とさせられることになります。

なぜなら彼らは、何も食べていなかったからです。口も消化管も、肛門さえも、ハオリムシはもっていませんでした。ならば、彼らはいかにして生命活動を維持しているのでしょう？

謎解きのカギは、彼らの体内にびっしりと共生している「化学合成微生物」が握っていました。どうやら、光合成とはまったく違う、「化学合成」という有機物合成のメカニズムが、熱水生物群集の生命活動を支えているらしいのです。

海面付近では、植物プランクトンが太陽エネルギーによる光合成で自分の体（すなわち有機物）をつくり、増殖していきます。その植物プランクトンは動物プランクトンに食べられ、動物プランクトンは小型の魚類に食べられ、小型の魚類はもっと大型の魚類に食べられ……というように、海洋の食物連鎖が続いていきますが、その大本は、植物プランクトンによる光合成によって支えられています。

これに対し、深海底の熱水生物群集に共生する化学合成微生物は、海底温泉に含まれる水素やメタン、硫化水素などの還元的な物質を酸化することによってエネルギーを取り出し、そのエネルギーを用いて自分の体（有機物）をつくります。海底温泉によるこれら還元的物質の供給が活発に続くかぎり、化学合成微生物は増殖でき、植物プランクトンと同じように、食物連鎖の出発点になれるというわけです。

化学合成については、5－8節で、生命の起源の問題と絡めてもう一度説明しますが、179ページ図5－7に典型的な光合成と化学合成の化学反応式（簡略なもの）を載せていますのでご参照ください。

海底温泉にたむろする熱水生物が食物連鎖に加わるには、化学合成微生物を摂食したり、あるいは体内に共生させたりしなければなりません。たとえば、後者に属するハオリムシは、体内の化学合成微生物のもとへ血流によって硫化水素を送り込んでやり、彼ら化学合成微生物が作り出す有機物の一部をピンハネすることによって、自らの生命活動を維持しています。ハオリムシの幼生は遊泳中に摂食するためか、かろうじて消化管をもっていますが、成体になるとそれが完全に消失してしまいます。

化学合成に依存する深海底の生物群集は、世界各地の海底温泉や湧水域（還元的化学物質を豊富に含む地下水が湧き出しているところ）で次々と見つかっています。そして、これらの生物の種類やライフスタイルも、場所によってさまざまなバリエーションのあることがわかってきました。

5-2 「かいれいフィールド」で暮らす生き物たち

２０００年に発見された「かいれいフィールド」を皮切りに、インド洋では現在までに、インド洋中央海嶺に沿って10ヵ所ほどの海底温泉が見つかっており、今後さらに増えていくと予想されています（87ページ図２－12参照）。

潜水船やＲＯＶによる海底の目視探査の偉力《いりょく》は絶大で、熱水噴出口のまわりに密集する生物の迫力ある生態が明らかになっていきます。図５－２は、ＲＯＶ「かいこう」によって撮影された「かいれいフィールド」の一景です。84ページ図２－11でお見せした熱水噴出口から数メートルと離れていません。

図5－2：「かいれいフィールド」の熱水生物群集
JAMSTECによる2000年のKR00－05航海にてROV「かいこう」撮影（©JAMSTEC）

まず目を奪われるのが、長さ5センチメートルほどの白っぽい小さなエビの大群集です。林立する熱水噴出口（チムニー）の外側を完全に覆い隠すほどびっしりと群がり、躍動している光景は生命力に満ちあふれています。

彼らはカイレイツノナシオハラエビとよばれ、その甲羅の内側にびっしりと付着させた化学合成微生物をエサとして暮らしています。この化学合成微生物に硫化水素をたっぷり与えるべく、熱水噴出口に近づきますが、近づきすぎると自分が熱にやられてしまいます。そこで、赤外線センサーの機能をもつ特殊な眼《め》を進化させ、熱すぎずぬるすぎずのほどよい位置をキープする、という離れ業を演じています。

さらに、熱水チムニーの根本《ねもと》付近の海底をよく見ると、ゴルフボールほどの大きな巻き貝や二枚貝（イガイの仲間）、イソギンチャクやカニなどの生物が群れています。彼らもまた、なんらかの方法で化学合成微生物と関わりをもち、生きるためのすべてのエネルギー（あるいは大部分のエネルギー）を、化学合成微生物から受け取るライフスタイルを身につけているのでしょう。

インド洋の他の海底温泉でもさまざまな生物群集が見つかっていますが、基本的な顔ぶれは「かいれいフィールド」と似ています。完全に同じではありませんが、共通点がたくさんあります。

一方、東太平洋でまず見つかり、図5－1に示したような巨大な管状生物ハオリムシや白い二枚貝（シロウリガイ）を主体とする生物群集は、インド洋の海底温泉では、いまのところまったく確認されていません。距離的にはるかに隔たっているインド洋と東太平洋とでは、海底温泉に群がる生物種にも、大きな隔たりのあることがわかります。この点を次の節で詳しく見ていきましょう。

5-3 海域ごとに異なる熱水生物のクラスター

世界中の深海底において、調査・観測が精力的に実施されてきたおかげで、世界各地の海底温泉の分布や実態（熱水の化学的性質や生物群集の種類）が、詳しくわかってきました。中央海嶺だけでなく、プレート沈み込み帯の背後に発達する島弧や背弧海盆の海底温泉も合わせると、世界中ですでに、数百ヵ所もの海底温泉が発見されています。

これだけたくさんの海底温泉が世界中の深海底に散らばっているのなら、そこにすみつく生物は、どこへ行っても似たりよったりでありそうな気がします。ところが、あにはからんや、顕著な地域性（棲《す》み分け）が認められるのです。場所が近ければ似かよっている場合もありますが、地理的に離れると、先ほどインド洋と東太平洋とを比較したように、生物の顔ぶれはまったくといっていいほど異なっています。

もう一枚、熱水生物群集の写真をお目にかけます（図5-3）。こちらは、大西洋の代表的な高温熱水噴出域である「TAG《タグ》フィールド」（北緯26度、深さ3600メートル）で撮影したものです。先の図5－2と見比べてみてください。

小さなエビ（ツノナシオハラエビの一種）が熱水噴出口にびっしり取りついているところは、とてもよく似ています。しかし、この大西洋の熱水域ではインド洋と違って、巻き貝はまったく見られませんでした。

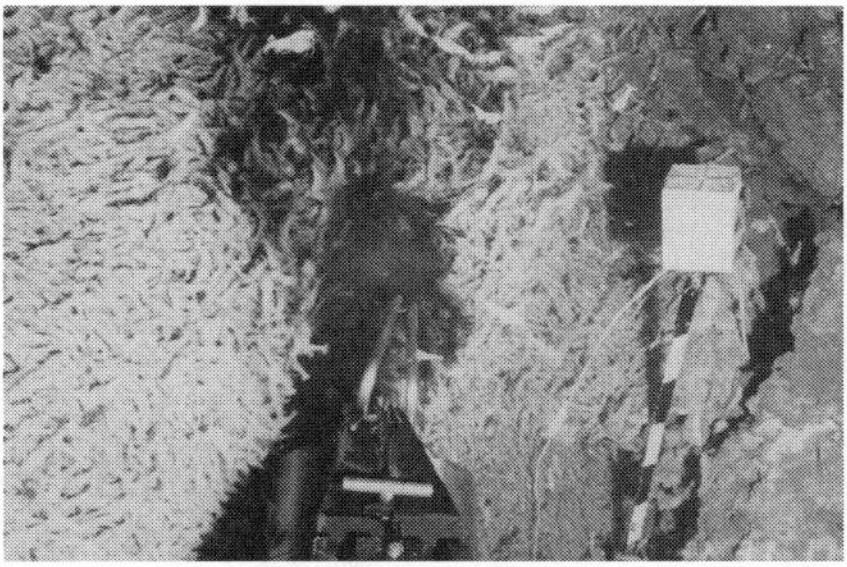

図5－3：大西洋「TAGフィールド」の熱水生物群集　JAMSTECによる1994年のMODE'94航海にて「しんかい6500」撮影（©JAMSTEC）

距離が近いか遠いかによる棲み分けは当然考えられますが、生物種によって拡散能力が高いか低いかの違いを考慮する必要もあるでしょう（次の節で考察します）。また、長い時間スケールで考えれば、23ページ図1－5に示したような大陸移動とともに海底温泉の分布がどう変化してきたか、そして、各熱水生物がどう進化し、適応してきたかといったさまざまな要因も関わってくる可能性があります。

世界の海底温泉にすむ熱水生物の種類を、遺伝子情報も含めて詳細に調べていくと、いくつかのクラスターに分類できそうなことがわかってきました。クラスターご

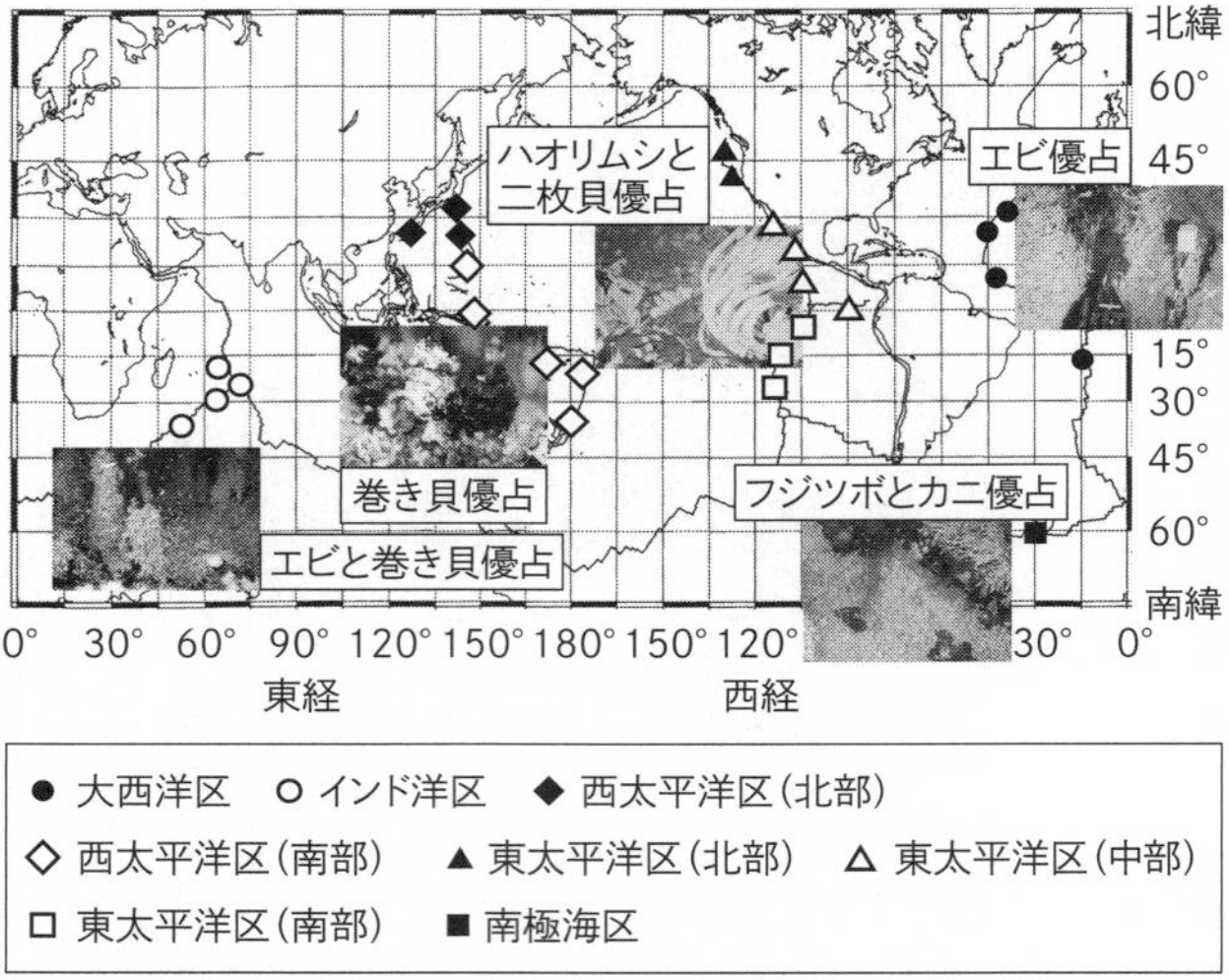

図5－4：高温熱水生物群集の構成に基づく全世界の海底温泉の地域区分（Rogers *et al.*（2012）などを参考に作成）

とに、熱水生物群集の構成員が少しずつ異なります。図5－4に、これまでに発見されているおもな海底温泉を、熱水生物群集の類似性や地域差に基づいて、大西洋区やインド洋区などの八つのクラスターに分けた一例を示しました。

　クラスターの決め方は、まだ確立したものではありません。海底温泉が未調査の海域も多く（特に、インド洋、南大西洋、北極海、南極海など）、研究が進むにつれてクラスターの数が増えたり、区分の変更がなされたりすることもありうるでしょう。

　さしあたっては、熱水生物群集の顔ぶれから世界の海底温泉は複数のクラスターに分類できること、そしてインド洋は、独立したクラスターの一つであるらしいことを感じていただければ十分です。

5-4 熱水生物は子孫をどう残すのか

深海熱水生物といえども、その基本的なライフサイクルは、他の地球生物と同じです。すなわち、卵からかえり、幼生の時期があり、成体となって生殖し、やがて死ぬ——という一生を送ります。

ただし、先にお話ししたように、熱水生物の成体には化学合成微生物が共生しており、化学合成微生物は熱水中に濃縮した硫化水素やメタンを食べているのですから、彼らはどちらも、海底温泉から離れては生きていけません。

しかし、幼生のときは話が別です。幼生はまだ、化学合成微生物に縛られてはいないので、その気になれば海底温泉から離れた場所へ移動できるでしょう。

幼生が成長するパターンは、2通りに大別されます。一つは、自前の卵黄を食べながら成長するタイプ、そしてもう一つは、動物プランクトンとなって、海水中の有機物を摂取しながら成長するタイプです。前者はおもに深海を漂いますが、後者のなかには、浅い海まで活動範囲を拡げる種もあるようです。

幼生が、運よく別の海底温泉までたどり着き、そこで成長し、子孫を残すことができれば、生息域は拡大されます。一方、それができない場合には、生息域は現状維持となり、その地点の熱水活動がもし終息すれば、そこで死滅することになるでしょう。

海底温泉ではなくても、海底温泉と同じように硫化水素やメタンを長期にわたって放出してくれるなんらかの自然現象があれば、熱水生物の拡散を助ける「飛び石」になる可能性がありま す。そのような飛び石として注目されるのが、深海底に落下した大型生物（特にクジラ）の死体です。最終的に死体が骨だけになると、骨に含まれる有機物が微生物によって分解され、硫化水素を発生するようになるので、化学合成生態系を維持できるというわけです。

このような鯨骨に依存する生物群集は、世界中でまだ8例しか見つかっていないため（インド洋では残念ながら発見例ゼロ）、個々の熱水生物伝播の飛び石と確定するにはいたっていません。しかし今後、深海底での鯨骨観察例が増えていけば、その近隣の熱水生物の拡散のために利用されているのかどうかが明らかになるだろうと期待されます。

いずれにせよ、熱水生物が広く伝播できるかどうかは、幼生の行動能力が決め手となりそうです。別の海底温泉やなんらかの飛び石がすぐ近くにあり、遊泳するだけで移り住むことができれば問題ありませんが、もし地形的な障壁があったときはどうなるでしょう。障壁をかわして、さらに遠方まで移動するには、彼らを押し流してくれる「海水の動き」も重要な役割を果たすことが期待されます。

海底温泉域に特有の海水の動きとしては、本書でもすでに何度も登場している熱水プルームが思い浮かびますね（58ページ図2－3参照）。熱水噴出口から湧き出した、高温で軽い熱水が、周囲の海水によって希釈されながら浮上し、海底面から数百メートル上昇したところで浮力を失って、以後は水平方向に流れていくというものです。もちろん、より一般的な海水の動きとして、表面海流や熱塩循環も当然、関わってくると思います。

5-5 インド洋の熱水生物はどこから来た？

インド洋の熱水生物の立場になって、具体的に考察を進めてみましょう。

インド洋の熱水プルームは、海水中の化学成分を使って可視化できます。2－11節で、熱水に含まれるヘリウムが異常に高い同位体比をもつことをお話ししたのをご記憶でしょうか。

海水中のヘリウムガスの同位体比を調べることによって、インド洋の熱水プルームを描き出したのが図5－5の下段です。上段の海域図に示したように、インド洋を南北方向に縦断して八つの観測点を設定しました。

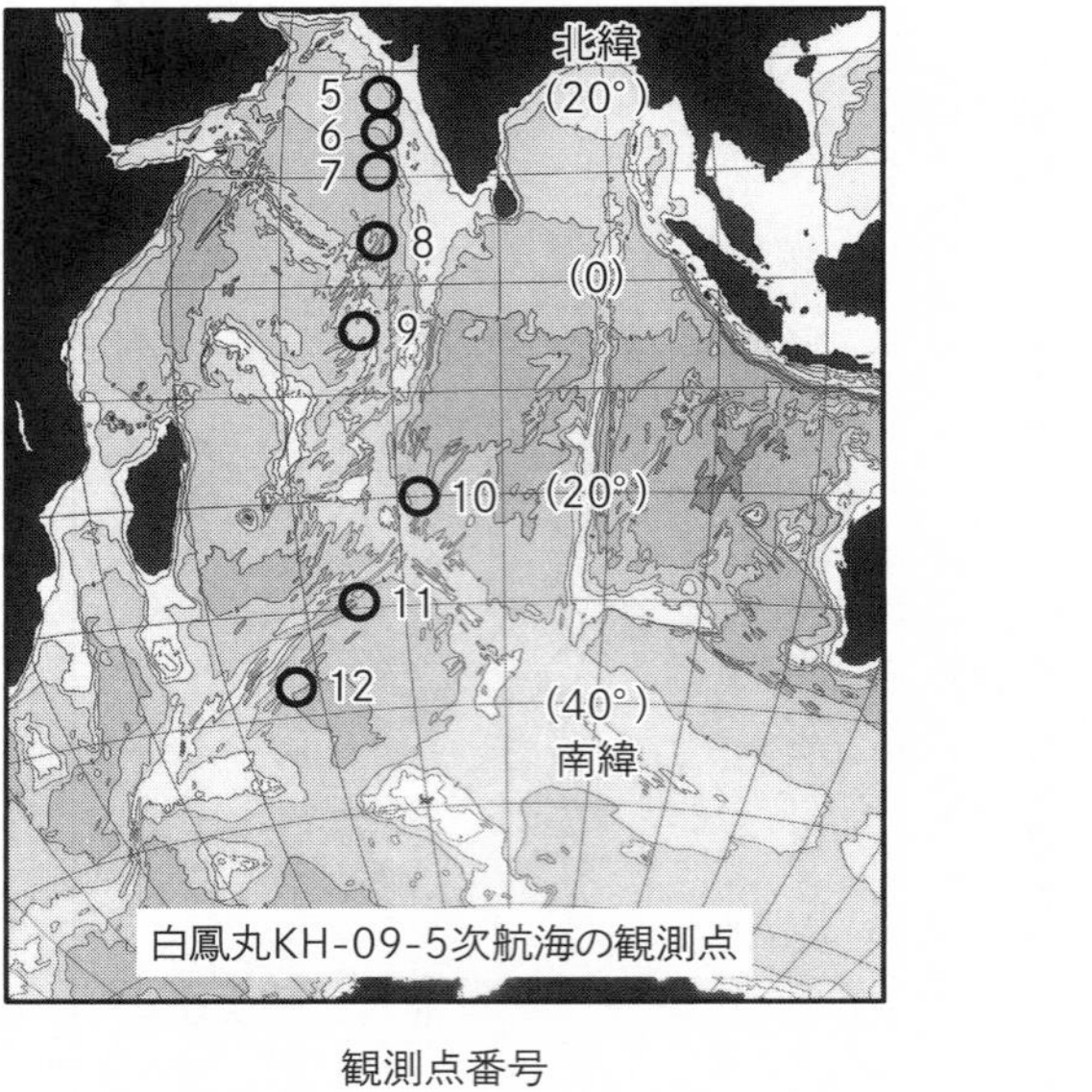

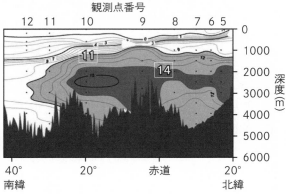

図5-5：海水中のヘリウム同位体比(^{3}He/^{4}He)からわかるインド洋の熱水プルームの広がり。等値線上の「14」および「11」は、ヘリウム同位体比が大気中のヘリウムに比べて、14%および11%大きいことを示す(Takahata *et al*. (2018)の図に基づく)

観測点8から10までがほぼ中央インド洋海嶺に、観測点10から12までがほぼ南西インド洋海嶺に沿っています。これら海嶺上の水深2500メートル付近に、高い同位体比をもつヘリウムを含む海水、すなわち熱水プルームが漂っていることがわかります。このようなプルームにうまく乗れば、熱水生物の幼生は、中央インド洋海嶺内を移動したり、さらに中央インド洋海嶺から南西インド洋海嶺へと移動できるかもしれません。

熱塩循環（コンベアーベルト）についてはどうでしょうか？（34ページ図1－8参照）大西洋を南下する北大西洋深層水があり、また南極海からインド洋へ入る南極底層水の流れがあります。これらの動きにうまく乗ることができれば、大西洋の熱水生物が、長い時間をかけてインド洋へと伝播できるかもしれません。もちろん、幼生の寿命は限られているので、少しずつ、飛び石や海底温泉をうまく乗り継いで来なければなりませんが。

海の表面近くまで浮上してくる動物プランクトン型の幼生だったら、表面海流（100ページ図3－2）に乗って移動する可能性もあります。

もっと長い時間スケールを念頭に置くのならば、「過去の海洋の姿」も考慮に入れる必要があるでしょう。熱水生物は長い時間をかけて、移動したり進化したりしてきました。化石や現在種のDNAを調べることによって、その生物の進化過程をある程度、推定することができます。

中生代（いまから1億～2億年前）に出現した熱水生物もいれば、新生代（いまから数千万年前）になってから初めて出現したものもいます。その当時のインド洋の形状は、現在とはまるでかけ離れていました（23ページ図1－5参照）。熱塩循環や表面海流も、現在のものとは違っていたことでしょう。

以上のようなさまざまな空間的、あるいは時間的要素をうまく組み合わせて、インド洋を含む世界中の熱水生物分布（166ページ図5－4）を解き明かそうとする研究が、いま少しずつ進められています。

5-6 インド洋限定の熱水巻き貝――「スケーリーフット」とは何者か?

図5－4に示されたインド洋区にしか生息していない、たいへん奇妙な巻き貝がいます。和名は「ウロコフネタマガイ」ですが、慣用名である「スケーリーフット（scaly foot）」のほうが覚えやすく、語感もよいので、はるかによく知られています。スケーリーフットを直訳すれば「鱗だらけの足」です。

スケーリーフット（3個体）の写真を図5－6に示します。長さ4～5センチメートルほどの、大型の巻き貝です。貝殻から突き出した足の表面を、鱗がびっしりと、まるで瓦を葺《ふ》いたように覆っているのがおわかりでしょうか。これこそが、スケーリーフットの名前の由来です。鱗をもっている巻き貝は、地球広しといえども、この種しか存在していません。

スケーリーフットがこれまで見つかっているのは、中央インド洋海嶺のかいれいフィールドとソリティアフィールド、および南西インド洋海嶺の龍旗《ロンチ》（Longqi）フィールドの3ヵ所だけです（87ページ図2－12参照）。図5－6にある3個体は、これら別々の海底温泉から採取されたもので、鱗の色合いが少しずつ異なっていますが、種としてはまったく同一です。

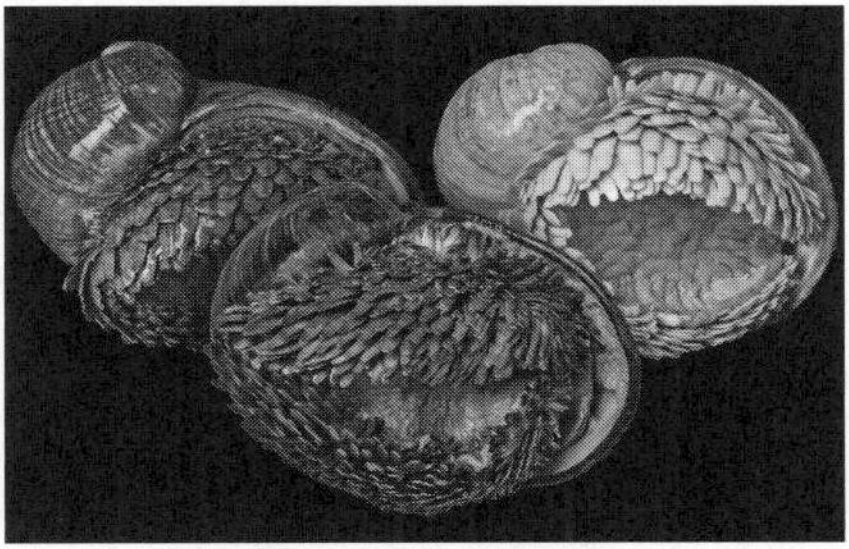

図5-6：インド洋の海底温泉に特有の巻き貝「スケーリーフット（ウロコフネタマガイ）」 左上はかいれいフィールド、右上はソリティアフィールド、中央は龍旗フィールドでそれぞれ採取された個体（©Chong Chen）

DNAから推定されるスケーリーフットの誕生は、中生代中頃（1億～2億年前）です。ちょうどインド大陸の北上にともない、インド洋が誕生した頃（図1－5参照）ですから、インド洋の深海底にずっと住み続けてきた主《ぬし》のような存在なのかもしれません。

化学合成微生物を体内に共生させ、エネルギーを獲得するという生存戦略は、他の熱水生物と共通しています。しかし、他の巻き貝や二枚貝が通常、鰓《えら》に硫黄酸化細菌などの化学合成微生物をすまわせるのに対し、スケーリーフットだけは、なぜか食道の一部を肥大化させた食道腺に硫黄酸化細菌をすまわせています。

かいれいフィールドで最初にスケーリーフットが見つかったとき、鱗の表面や内部に硫化鉄(黄鉄鉱＝FeS_2やグリグ鉱＝Fe_3S_4)のあることが、たいへん話題となりました。なぜなら、それらの存在によって、スケーリーフットは磁石に吸いつくからです。外骨格に硫化鉄を含むような生物は、他にはいません。

いったいなぜ、硫化鉱物が鱗に生じるのか?

スケーリーフットの鱗の表面や断面が詳細に調べられ、面白いことがわかってきました。スケーリーフットの体内では生存に必要な代謝過程がさまざまに進行し、最後に不要となった硫黄物質が体外に排出されます。その排出口となるのが、スケーリーフットの鱗に無数に空いている微小な穴なのです。

そのとき、外界の海水中には、熱水中に含まれていた豊富な鉄が鉄イオン(Fe^{2+})となって漂っています。この鉄イオンが、スケーリーフットの鱗の表面や、鱗の内部に通じる穴の内側においてスケーリーフットの排出した硫黄と反応し、硫化鉄の細かい結晶(ナノ粒子)を生成しているとみられているのです。とすると、もし熱水が鉄を含んでいなかったなら、硫化鉄はできないはずですね。図5-6の右上に写っている、ソリティアフィールドで採取されたスケーリーフットが、まさにその答えです。

ソリティアフィールドの熱水は鉄などの重金属濃度が低いため、そこで暮らすスケーリーフットの鱗には硫化鉄が沈積しません。その結果、本来の生白い、いわば〝すっぴん〟の鱗のままというわけです。磁石にはもちろん、くっつくことはありません。

5-7 絶滅危惧種に登録されたスケーリーフット

2-12節でも述べましたが、海底温泉の近辺は、金属純度の高い熱水鉱床(銅や亜鉛などに加え、ニッケルやクロムのようなレアメタル、さらには希土類元素を含む)が形成されやすい環境にあります。これらの金属元素は、さまざまなハイテク工業製品に欠くことができません。陸上の金属鉱床がやがて掘り尽くされたとき、海底の熱水鉱床に触手が伸びてくることが当然、予測されます。

しかし、無節操な海底資源採掘がおこなわれれば、熱水生物群集は甚大な被害を被《こうむ》るおそれがあります。生物によっては、絶滅しかねないでしょう。

希少な生物を保護するための国際組織が、89ページのコラム2でも登場した国際自然保護連合(IUCN)です。絶滅が危惧される生物を「レッドリスト」に登録し、広く注意喚起をおこないながら、世界的な保護を訴えるしくみを整えています。

まずはスケーリーフットを保護しなければならない——。

世界各地の海底温泉に広く分布している熱水生物と、スケーリーフットのようにインド洋の狭い生息域にしか存在しない熱水生物。両者を比べてみれば、明らかに後者のほうが危機に瀕しているといえるからです。

イギリス・クイーンズ大学のシグワート博士や、JAMSTECのチェン博士らのグループが、スケーリーフット保護のために立ち上がりました。スケーリーフットがインド洋のごく限られた深海底でしか生存できないことと、遠くない将来、海底資源探査による被害に見舞われる危険性が大きいことなどを詳細にまとめ、IUCNへ申請したのです。その結果、2018年のIUCNの専門家ワークショップにおいて、レッドリスト絶滅危惧種（ENランク）に、スケーリーフットが登録されることになりました。ENランクは、絶滅危惧種として2番めに高い危機レベルで、身近なところではコウノトリやニホンウナギと同じレベルです。

IUCNレッドリストへの登録は、『ネイチャー』や『サイエンス』をはじめとするトップレベルの科学雑誌や新聞等で取り上げられるため、国際的に高い影響力をもちます。生物多様性の保護活動を深海底へと拡げる先駆けとして、スケーリーフットの果たした役割は特筆すべきものといえるでしょう。今後さらに、他の熱水生物についても、レッドリストへの登録が進むことが期待されます。

5-8 インド洋から考える「生命の起源」

ところで唐突ですが、われわれの遠い祖先について考えたことがありますか？　地球の誕生後、最初の生命活動は、いつ、どこで始まったのでしょうか？

この壮大な謎をめぐって、大勢の研究者がチャレンジを繰り返してきました。そんななかで、インド洋かいれいフィールドでおこなわれたある研究が、生命の起源の探究というこの大きなミッションに重要な一石を投じ、研究を強く後押しすることとなりました。

かいれいフィールドから、いったい何が見つかったのでしょうか？

その前に、地球の生命について基礎的なことをおさらいしておきましょう。地球上では、長い時間をかけてさまざまな生物が進化を遂げ、現在にいたっています。遺伝子を調べてみると、すべての生物が共通の祖先から枝分かれしてきたことがわかります。しかし、この共通の祖先、つまり、「最も原始的な最初の生命」とはいったいどのようなものなのか、まだ誰にもわかっていません。

仮説の一つが、最初の生命はいまから38億年くらい前に、原始地球の海底温泉で誕生した、というものです。約40億年前の地球に海ができ、海底の随所に活発な熱水活動（海底温泉）が存在していたことを背景とする有力な説です。遺伝子に基づく地球生命体の進化系統樹を描いてみると、生命の起源に近いと思われる原始的な微生物の多くが、熱湯（80℃以上）の中でも平気な高度好熱菌であるという事実が、この仮説の信憑性を高めています。

海の中が、生命の進化の場であったことは間違いないでしょう。かつてのオゾン層のなかった地球（いまから約20億年前までは地球大気には酸素がなく、当然、オゾン層も存在しなかった）には、生物にとって有毒な、太陽からの強い紫外線が降りそそいでいました。したがって、生命活動を維持するには、ある程度深い海の中にいる必要がありました。

生命の誕生そのものが、海底温泉から供給される物質やエネルギーに依存しただろうというアイディアは、現在の海底温泉の探査研究が進み、熱水由来の還元的化学物質からエネルギーを取り出す化学合成というプロセスへの理解が進んだことで、いっそう現実味を増しています。

化学合成反応には2通りあります。図5－7に示したように、酸素ガス（O_2）の存在下で起こる好気的なものと、無酸素状態で起こる嫌気的なものです。これまで見つかっている一般的な熱水生物群（図5－1～図5－3）が利用している化学合成微生物のおこなう化学合成は、前者の好気的化学合成反応です。

しかし、生命が誕生した当時の地球にはまだ、酸素ガスはいっさい存在していませんでした。

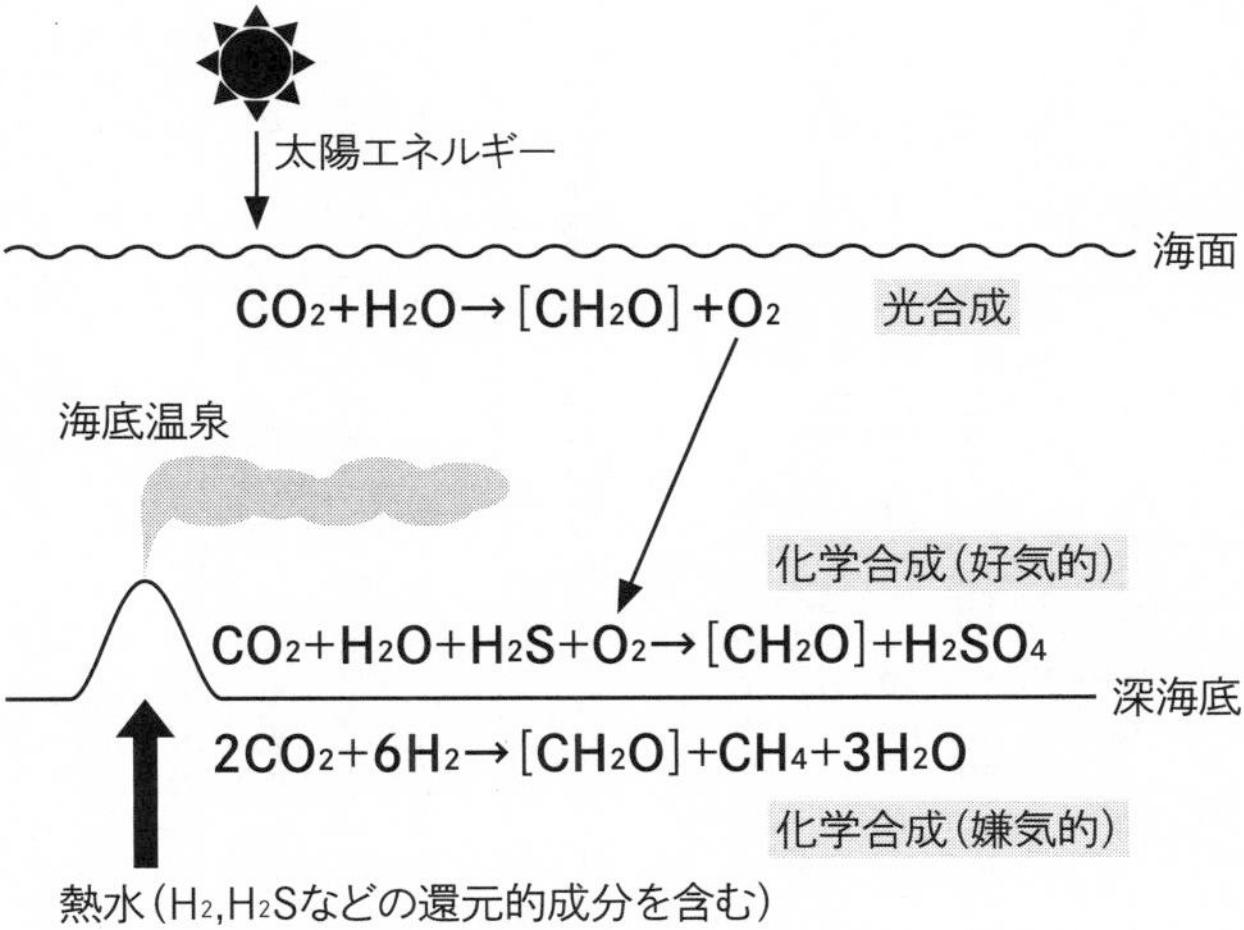

図5-7：海面における光合成反応と、深海底における化学合成反応
好気的および嫌気的な場合の例。いずれも無機物であるCO_2(二酸化炭素)から有機物が合成される。[CH_2O]は有機物を便宜的に表示したもので、具体的にはグルコース($C_6H_{12}O_6$)などが生成する

地球環境に酸素ガスが生み出されるようになったのは、生命の誕生後、数億年を経て、シアノバクテリアという光合成をおこなう微生物が出現して以降のことです。したがって、生命誕生の頃、海底温泉で化学合成がおこなわれたとすれば、それは嫌気的な化学合成反応でなければなりません。

ここでようやく、かいれいフィールドの登場です。

現在の海底温泉で、もし、嫌気的化学合成に基づく生態系が維持されていたなら、それは原始の海底温泉が〝生命のゆりかご〟として作用したことの、有力な裏付けになるで

しょう。その最初の発見が、まさにインド洋のかいれいフィールドからもたらされました。「しんかい6500」で2002年にかいれいフィールドに潜航した高井研博士（JAMSTEC）が、熱水噴出口から微生物を集めて培養してみたのです。その結果、熱水中の水素ガスと二酸化炭素からメタンを合成する超好熱メタン菌（122℃で増殖できる）と、このメタン菌に依存する別の超好熱発酵菌を発見するという大ヒットを飛ばしました。

酸素（O_2）のない環境下で、海底温泉の熱水だけをエネルギー源とする生態系ハイパースライム（HyperSLiME：Hyperthermophilic Subsurface Lithoautotrophic Microbial Ecosystem＝「超好熱地殻内化学合成独立栄養微生物生態系」の略）。その実在が、見事に確認されたということです。

かいれいフィールドでは、海底下の断層に沿って、上部マントル物質（かんらん岩）が海底面まで顔を出し、これが熱水と反応して大量の水素ガスが発生します。この水素ガスによってハイパースライムが維持される、世界的にも珍しい場所だったのです。

では、このような最初の化学合成微生物はどこから来たのでしょう？

原始の海底温泉だけを考えればいいのか、別の場所（たとえば宇宙空間）からも何かやって来たのか……？　実験や観測が繰り返され、ワクワクするような論争が続いています。

5-9 シーラカンスのミステリーその①——なぜ深海に移住したのか？

さて、ここからは、話がガラリと変わります。

インド洋のふしぎな生物といえば、やはりシーラカンス（図5-8）を素通りするわけにはいきません。「生きた化石」とよくいわれますが、なぜ、そのような呼称がつけられているのでしょうか？

シーラカンスは、いまから約4億年前の古生代デボン紀に出現した魚類です。たくさんの化石が、世界各地の古生代～中生代の地層から見つかっています。

しかし、中生代末期の8000万年前頃を境に、ぱったりと化石が出なくなりました。そこで、恐竜の滅亡（6600万年前）とほぼ同時期に、シーラカンスも滅亡してしまったのだろ

図5-8：アフリカ大陸東南部、マダガスカル島にほど近いコモロ諸島の近海で撮影されたシーラカンス（*Latimeria chalumnae*）
（©Science Photo Library ／アフロ）

うと考えられてきました。

ところが、既知の化石にそっくりの、すなわち、古代とほとんど同じ姿をとどめたシーラカンスが、なんと現代のインド洋で生き延びていたことが、20世紀になって判明したのです。

1938年に、南アフリカの漁港・イーストロンドンで最初の個体が見つかり、1952年に、やはりインド洋のマダガスカル島に近いコモロ諸島の沖合で、2匹めのシーラカンスが捕獲されました。その後、コモロ諸島付近と、さらに北方のアフリカ大陸・タンザニア沖合で、二百数十もの個体が採取されています。

また、1997年になって、従来の発見海域からはるか東方、インド洋を少しはみ出したインドネシア・スラウェシ島のマナドで、別種のシーラカンスが見つかりました。こちらをインドネシア・シーラカンスとよびます（その後、このシーラカンスはニューギニア島沿岸でも見つかっています）。

これら2種のシーラカンスは、体色が少し異なるほかは、外観上はほとんど違いがありません。これまでに観察・捕獲された場所を、図5－9に○で示しました。アフリカ東岸とインドネシアの、ごく限られた海域にしか生息していないようです。夜行性で、昼間は横穴の洞窟に数匹でひそんでいたという観察例があります。

2枚ずつある頑丈な胸ビレと腹ビレは、陸上生物の前肢と後肢へと進化しかけた名残でしょう

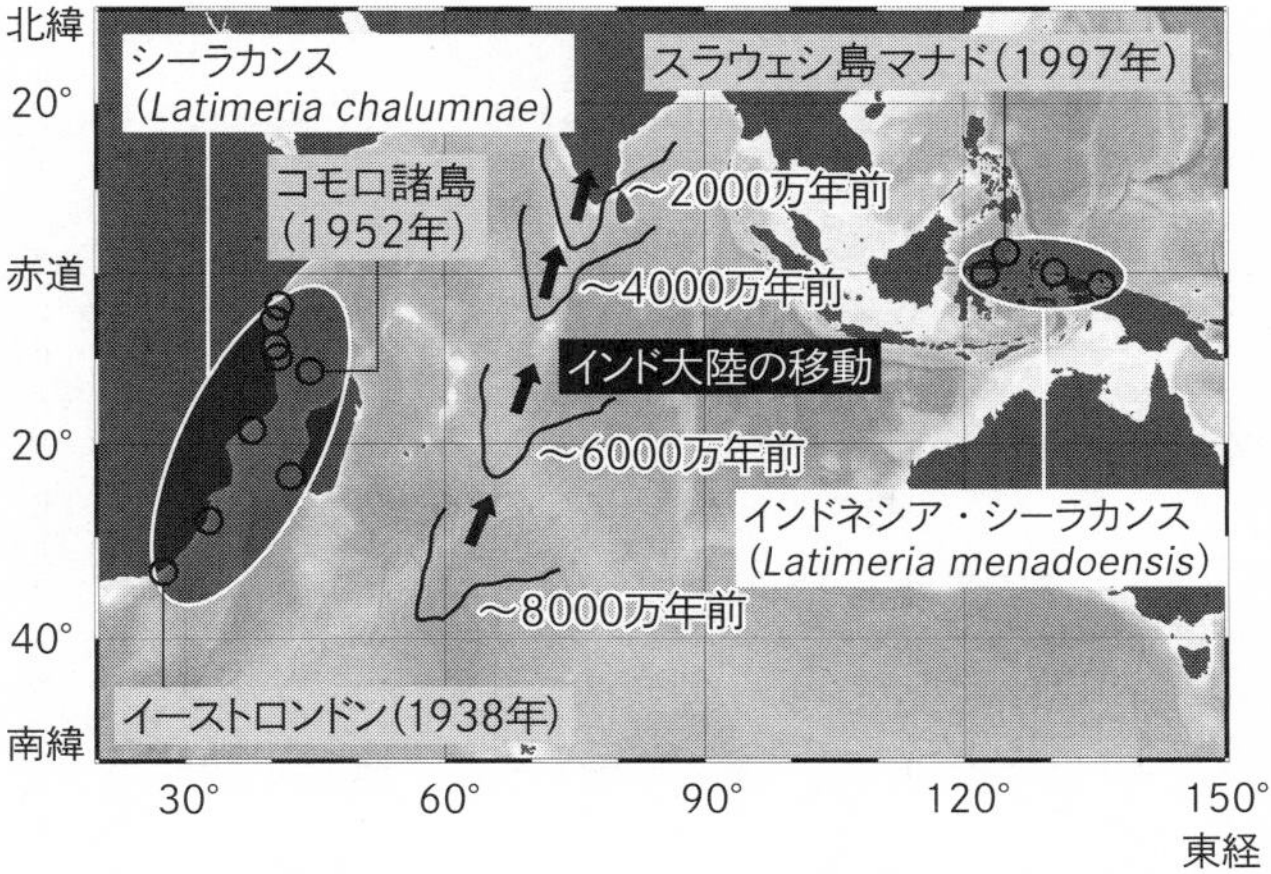

図5-9：これまでに2種のシーラカンスが観察・捕獲された場所（○印）と、過去8000万年のインド大陸北上のイメージ

か。実際にシーラカンスは、陸上生物に特有のＤＮＡを少量もっており、進化系統樹を描いた研究によれば、陸上へ進出する生物の少し手前で枝分かれして、そのまま海にとどまってきたことがわかります。

化石として残る古代のシーラカンスは、化石の発見場所からみて海の浅瀬や河川に生息していたと考えられます。だからこそ、化石として残りやすかったのでしょう。ところが、現在生息しているシーラカンスは、深海（深さ１５０〜７００メートル）をすみかとしています。現存種のシーラカンスのみがなぜ、古代のシーラカンスから分かれて、深海にすむように進化したのでしょうか？ たいへん興味を惹かれます。

深海に移動したのがもし中生代末期であっ

たのなら、その直後の破局的な環境変化（小惑星の衝突、および大規模噴火による地表環境の激変）の際に、恐竜とは違って絶滅を免れることができたという話になるのですが、ふしぎな予知能力でも備えていたのでしょうか。

5-10 シーラカンスのミステリーその②——なぜ2種に分かれたのか？

前節で紹介した2種のシーラカンスについて、細胞内ミトコンドリアの遺伝子を詳しく調べた研究から、面白い結果が得られています。

ミトコンドリアDNAは、核DNAに比べて分子内塩基の変化がすみやかに起こるため、短い時間内で起こった進化（DNAの変異）を効率よく検出できる利点があります。

研究にあたった井上潤博士（東京大学大気海洋研究所）らは、2種のシーラカンスが、いまから3000万～4000万年前に、共通の祖先から分かれたものと推定しました。それまで1種だったシーラカンスが、なぜかこの頃、二つの種に枝分かれしたのです。

当時のインド洋に、シーラカンスにそうさせる環境変化でもあったのでしょうか？

第1章でご紹介した、インド洋の大陸移動の歴史を振り返ってみましょう。3000万～4000万年前といえば、じわじわと北上してきたインド大陸が、そろそろユーラシア大陸南縁に到達し、大陸を少しずつ押しはじめた時期にあたります。インド大陸が北上するようすを、図5－9に「インド大陸の移動」として重ねてみました。

このような大規模な地勢の変化は、気候や海洋環境にさまざまな影響を与えた可能性があります。このタイミングで、シーラカンスが東西の2種に分断されたとなれば、その原因はインド大陸の移動と衝突に求められるのかもしれません（具体的な因果関係はまだよくわかりませんが）。これもまた、今後に解明の期待されるミステリーです。

ところで、シーラカンスは生息数がきわめて少なく（現時点で1000個体程度と推定されます）、生息エリアも限られていることから、先に述べたスケーリーフットと同じく、ＩＵＣＮレッドリスト（絶滅危惧種）に登録され、また、ワシントン条約によって取引も禁じられています。

そして、シーラカンスの生態について、少しずつ解明が進んでいます。2021年6月の読売新聞オンラインによれば、フランスとオーストリアの研究チームによるシーラカンスの鱗の研究から、シーラカンスの寿命は約100年、また、妊娠期間が少なくとも5年と、いずれも魚類としては最長クラスであることがわかったとのことです。このようなライフサイクルの長さが、何億年も生き延びるための秘訣なのでしょうか。いっそう興味深いものがありますね。

シーラカンスには今後も、大きなヒレを交互に動かして悠々と泳ぎ回り、古代へのロマンをかき立ててくれる存在であり続けてほしいものです。

ジュゴンを絶滅させるな！

図5－10：インド洋の東端・オーストラリアの西部海域で撮影されたジュゴン（©Bluegreen Pictures／アフロ）

図5－10に示すジュゴンは、海棲《かいせい》哺乳類の一種で、インド洋から西太平洋の熱帯・亜熱帯の沿岸域に分布する草食動物です（図5－11）。その名称の由来は、マレー語の「デュユン」（「海の貴婦人」の意）にあるといいます。「海の貴婦人」は世界中でもわずか8万～10万頭しか生息しておらず、オーストラリア沿岸域に7万～8万頭、ペルシア湾に7000頭、紅海に4000頭などと推定されています。

このジュゴンもまた、IUCNによって1982年、レッドリスト絶滅危惧種に登録されています。最近は保護活動が徹底してきたと

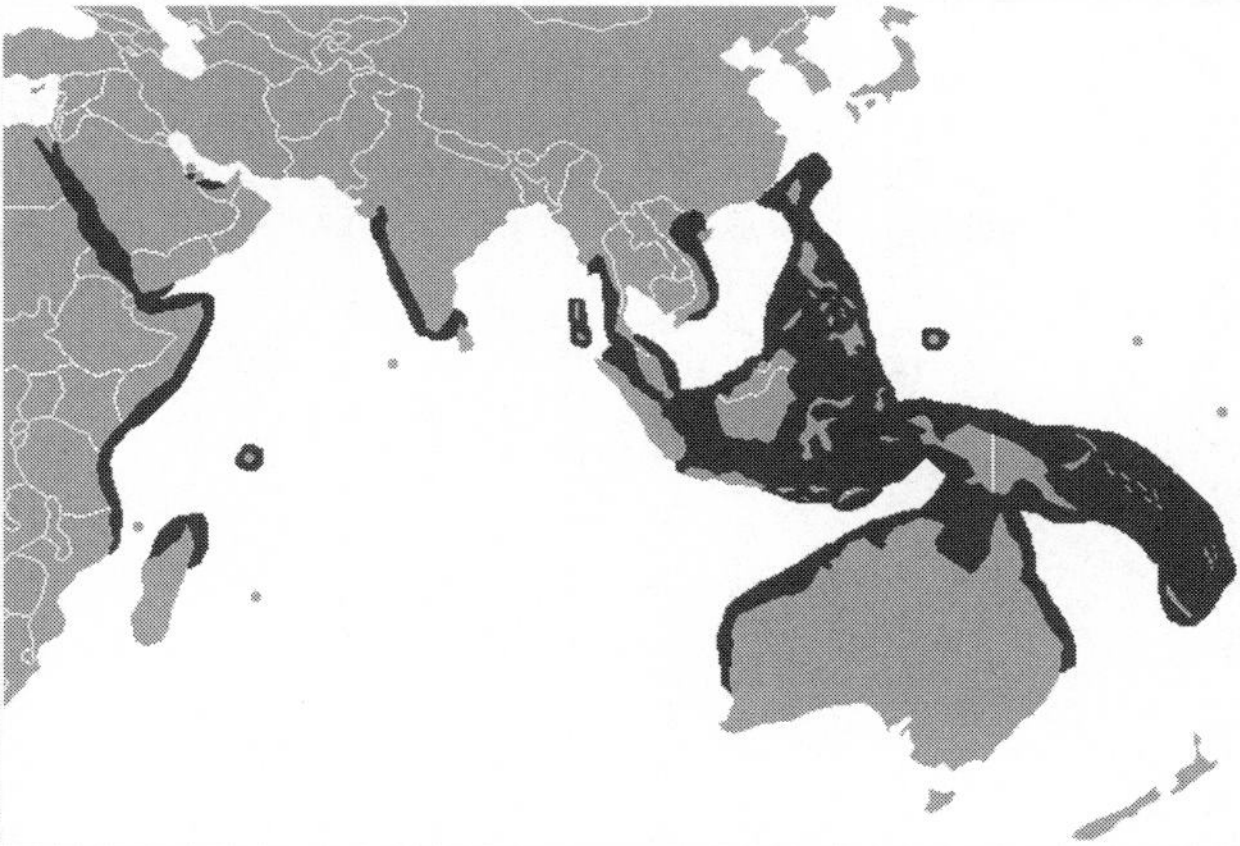

図5-11：ジュゴンの生息域

はいえ、刺し網（海中に帯状に張りめぐらし、魚を網目に絡ませて捕獲する網。この網にかかったジュゴンは浮上することができなくなり窒息死する）などに混獲され、意図せず殺害してしまうケースが後を絶たないようです。

19世紀までは、食用にしたり油を取ったりするために、かなりの数が捕獲されていました。1870年に出版されたジュール・ヴェルヌの『海底二万里』には、紅海で巨大なジュゴンと格闘の末、殺戮《さつりく》するシーンが登場します。

登場人物の一人である生物学者のアロナックス教授が「紅海だけにしかいない珍しい生物だ。ジュゴンだ」と言い放つと、潜水船・ノーチラス号のネモ船長がその直後に「あの肉は食用として最適で、……マレー地方ではどこでも君主の食卓用に保存される。そのため……しだいに数が少なくなっている」と冷静にフォローするようすが描かれています。

　ジュゴンは、人魚伝説と関連づけられることが多いのですが、その謂《いわ》れについては諸説があり、明確なところはよくわかっていません。

　人魚を題材にした童話として、アンデルセンの『人魚姫』や、小川未明の『赤い蠟燭《ろうそく》と人魚』を思い出します。小学生の頃、後者を何度も読み返しました。蠟燭の瞬きと荒れ狂う夜の海、光と闇のコントラストを背景に、豹変する人間の心の脆《もろ》さが印象的でした。人魚を題材にした説話や童話には不幸な結末が多いようですが、これがジュゴンには当てはまらないことを切に祈ります。

　ジュゴンの保護を目的として、その生態を明らかにする研究がさまざまにおこなわれています。生息域に集音器を設置したり、小型の機器を生体に取りつけることによって、ジュゴンの鳴き声データが少しずつ蓄積されてきました。

　ジュゴンは「ピヨピヨピーヨ」とか「ピー」とか、小鳥のように可愛い声で鳴くそうです。その鳴き声が何を意味するのかが解読できれば、「間違って刺し網に入るなよ」などの警告を、ジュゴンに与えられるようになるかもしれません。

　そして、そのジュゴンの鳴き声が、いま沖縄で注目されています。

　沖縄は、図5-11からわかるように、ジュゴン生息域の北限にあたります。沖縄本島周辺では、2003年頃に15頭ほどのジュゴンが目視確認されていましたが、2015年になると3頭に減り、2018年9月以降はまったく目撃されていません。

　２０１９年３月には、１頭が死体で見つかりました（死因はエイの棘《とげ》に刺されたため）。

　米軍・普天間基地の移転先として埋め立て工事中の辺野古《へのこ》周辺海域では、航空機や水中録音装置を用いて、ジュゴンの大がかりな探索が続いています。２０２０年２～９月のあいだに、ジュゴンの鳴き声によく似た音が約２００回録音されましたが、海面に浮上する姿や、海草の食《は》み跡などはまったく確認されない状況が続いています。

　しかし、沖縄本島の辺野古とは反対側にある古宇利《こうり》島（今帰仁《なきじん》村）では、２０２０年度の調査で食み跡が見つかっているとのことです。望みは、まだ絶たれたわけではありません。

　沖縄本島からさらに南に位置する先島《さきしま》諸島に目を転ずると、ジュゴンの生息する可能性はさらに高いと思われます。石垣島南西方の波照間《はてるま》島、および宮古島西方の来間《くりま》島と伊良部《いらぶ》島において、２０１９～２０２０年度の調査で、海草の食み跡が確認されました。残念ながら海面を泳ぐ姿の映像はありませんが、伊良部島と波照間島では目撃情報も数件寄せられているとのことで、今後の調査に期待したいところです。

第6章

「海のシルクロード」を科学する

——その直下にひそむ謎の海底火山とは?

インド洋が、紀元前のはるか昔から、西洋と東洋をつなぐ交易路「海のシルクロード」として重要な存在であったことに、これまで随所で触れてきた。本章は、その交易路のなかでも中核的な存在であった紅海とアデン湾、およびその周辺地域を取り上げたい。

有史以来、数え切れぬ船や人々が往来してきた紅海とアデン湾だが、地球科学的な特徴、すなわち海水循環や海底地形のことは、まだあまりよくわかっていない。これらの海域には、インド洋中央海嶺の北端部分が延び、どちらの海域も、わずかずつだが拡大が続いている。

さらに興味深いのは、紅海とアデン湾にアフリカ大地溝帯が加わって、「プレート拡大三重点」を形成していること。つまり、第2章に登場したロドリゲス三重点の陸上版がここに存在するのである。

白鳳丸がアデン湾の調査を決行したのは、ソマリア海賊が急速に跋扈しはじめる直前のタイミングで、ちょうど20世紀から21世紀に移り変わったときであった。新世紀にふさわしい多くの発見があり、同時にまた、未来への謎も残された――。

6-1 紅海とアデン湾――「幸福なるアラビア」を擁した海の主要路

いまから2000年以上も前から、中国の特産物である絹(シルク)が、ラクダの背に乗せられ、中央アジアの陸路を経て、はるかローマまで運ばれていました。

この絹の輸送路に、ドイツの地理・地質学者であるフェルディナント・フォン・リヒトホーフェン（1833~1905）は、「絹の道」（ドイツ語でザイデンシュトラーセン、英語ではシルクロード）という洒落《しゃれ》た名前をつけました。

リヒトホーフェンが思い描いたシルクロードは、陸上の砂漠とオアシスをつなぐ交易路でしたが、それ以外にも二つの交易路が存在していました。一つは北方の草原地帯（ステップ）を行くルート、そしてもう一つは、南方のインド洋を行く海のルートです。現在では、これら三つのルートをまとめて、「シルクロード」と総称しています。

日本では、1980年にNHKが、中国と共同でテレビ特集「シルクロード」を制作・放映し、大きな評判を得ました。こちらは陸のシルクロードの話です。そしてその続編として、1988年に放映されたのが、NHK特集「海のシルクロード」でした。

交易路は決して陸の上だけではないことが新鮮な驚きをよび、また、地中海からインド洋を経て中国にいたるまで、番組で紹介される各地の珍しい風物や歴史の遺物に、多くの視聴者が惹きつけられました。ぼくもまた、その一人でした。

海のシルクロードの大まかな道筋を示したのが図6-1です。はっきりした道路のない海のことですから、季節や時代によってさまざまなルートがあったことは想像にかたくありません。

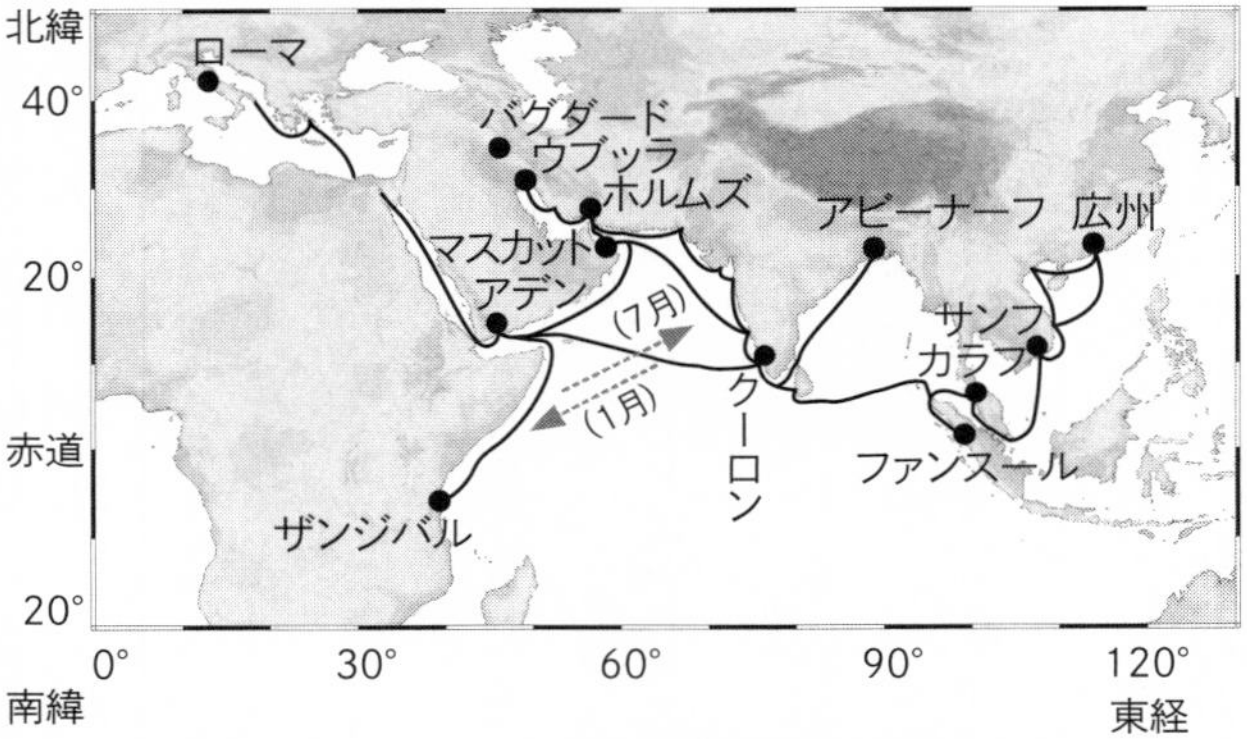

図6-1：中国の唐代（7～10世紀）の頃の東西交易ルート＝海のシルクロード（長澤（1989）の図をもとに作成）

第3章で述べた「ヒッパロスの風」（1月と7月の季節風）を破線の矢印で書き加えました。この季節風をうまく活かした海上交易によって、2000年以上も前から、北インド洋は、東洋と西洋とを結ぶ重要な交易路としての役割を果たしてきたわけです。

中国・インドからは生糸、絹織物、胡椒《こしょう》、象牙、真珠、サファイアなどがヨーロッパへ、逆にヨーロッパからはガラス器、亜麻布《あまぬの》（リネン）、ワイン、鉱物（銀、銅、スズ、鉛）、貨幣などがインド・中国へと流れました。その際、アデン湾と紅海が主要な通り道でした。

要《かなめ》の位置にある古代都市・アデン（現在はイエメン共和国の経済の中心地）は、東西双方からの輸出入品を中継する港湾都市として繁栄しました。アデンが別名「幸福なる（エウダイモーン）アラビア」

とよばれていた理由が、まさにそこにあります。

6-2 「アファール三重点」とはどのようなものか?

交易路として栄えたアデン湾や紅海は、もう一つ、まったく別の顔をもっています。いずれの海域も、海底にプレート拡大軸があるのです。

アラビア半島(アラビアプレート)を囲む、プレートの移動や拡大のようすを、図6-2に示しました。インド洋を南から北へ延びる中央インド洋海嶺は、アラビア海の手前から北西向きになり(「カールズバーグ海嶺」とよぶ)、アデン湾でほぼ西を向きます。

「湾」といえばふつう、陸に囲まれた行き止まりの海域を指しますが、アデン湾はそうではありません。湾のいちばん奥に、ごく細いバブ・エル・マンデブ海峡があり、その先の紅海へと海がつながっています(210ページ図6-6参照)。

図6-2に示したように、紅海の拡大軸が、ほぼまっすぐ紅海を貫いているのに対し、アデン湾の拡大軸は、たくさんの断層で小刻みに切られ、ジグザグと複雑な形状をしています。

アラビア半島はかつて、アフリカ大陸の一部でしたが、いまから3000万~3500万年前頃に両者のあいだで大地が割れ始め、アデン湾と紅海が生まれて、しだいに拡がっていきまし

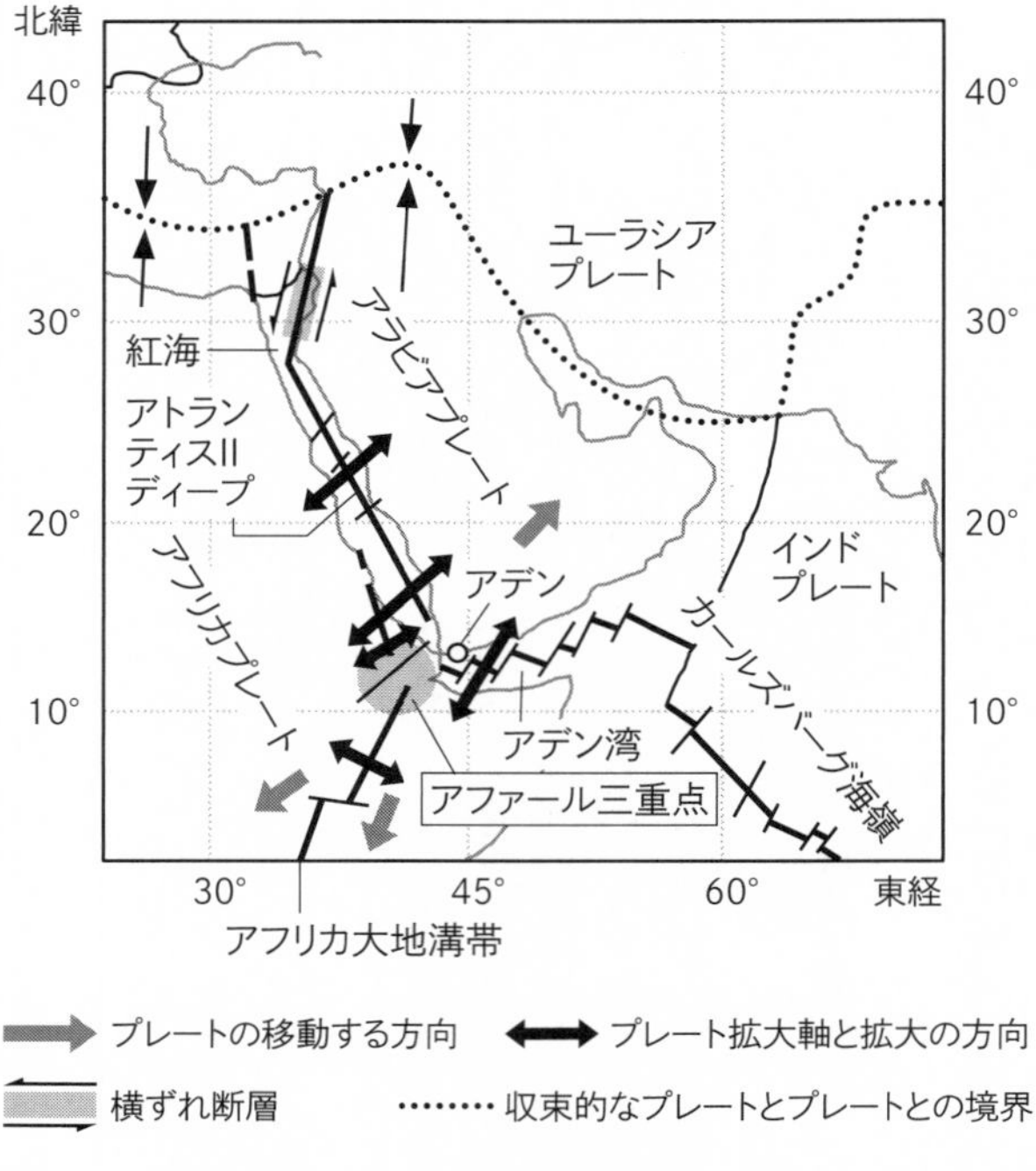

図6-2：アデン周辺のプレートテクトニクス（Monin *et al.*(1982)の図をもとに作成）

た。アラビア半島は現在でも、年間2～3センチメートル程度のゆっくりした速さで、アフリカ大陸から離れつつあります。つまり、紅海がその横幅を増しているのです。

そして、ここにもう一本、拡大軸がありま す。

アフリカ大陸の東部、エチオピアの国土を貫通して、ケニア、タンザニアへと続く「アフリカ大地溝帯

（グレート・リフトバレー）」です。大地溝帯を北へたどっていくと、アデン湾および紅海の拡大軸とぶつかります。その結合点が「アファール三重点」（別名、アファール盆地・アファール三角点）で、図6－2に示したように、その中心は陸上に位置しています。

アファール三重点では、アデン湾、紅海、アフリカ大地溝帯と、3本の拡大軸が一点で交わっています。つまり、第2章に登場したロドリゲス三重点と同じカテゴリーに属します。しかし、「地上に顔を出している」という点で、きわめて希少（おそらく世界でここだけ）な存在といえるでしょう。

アファール三重点がさらに面白いのは、その直下に、マントル最深部からの物質上昇流（マントルプルーム）が重なっていることです。つまり、「ホットスポット火山」でもあるのです。ホットスポット火山とは、中央海嶺や島弧火山のように列をなす火山とは異なり、単独の火山として存在するもので、世界中に散らばっています。

たとえば、拙著『太平洋　その深層で起こっていること』で取り上げたハワイ島は、太平洋の代表的なホットスポットです。インド洋のホットスポットとしては、第1章（1－6節）で少し触れましたが、ケルゲレン海台やレユニオン島がよく知られています。

ホットスポットはアフリカ大陸にも数ヵ所点在しており、その一つがアファール三重点というわけです。かつて何もなかったアフリカ大陸北東部に、まずこのホットスポット火山が顔を出しました。それをきっかけにアデン湾や紅海へと割れ目（リフト）が延びていき、少し遅れてアフリカ大地溝帯も割れ始めたと考えられています。

アファール三重点はなぜ、ホットスポットであるとわかるのでしょうか？

火山噴出物に含まれる化学物質、特にヘリウムガスの同位体比（^{3}He／^{4}He）がここでもものをいいます。

第2章でご説明したように（85ページ参照）、火山活動にともなって噴出するマントル由来のヘリウムガスは、大気中のヘリウムガスに比べて同位体比が高く、中央海嶺ではどこでも、大気中のヘリウムに比べ8倍程度の同位体比が観測されます。

ところが、ホットスポットから噴き出すヘリウムは、これよりもさらに大きな同位体比の異常を示すのです。これはホットスポット火山の源が、中央海嶺火山の源よりずっと深く、マントルのいちばん底（地球の中心部をなす核＝コアに接するあたり）から来ているためだと考えられています。

これほど超深部のマントルには、地球が誕生した頃に宇宙空間から取り込まれたごく原始的なヘリウム――大気ヘリウムに比べて^{3}He／^{4}He比が数十倍大きい――が残っており、それがホットスポット火山から放出される火山ガスに色濃く反映されることになります。

実際にアファール三重点付近や、アデン近郊の火山の噴気ガスや火山岩を分析してみると、大気ヘリウムの20倍に迫る高い値が得られるので、明らかにホットスポットだとわかるのです。

こじつけるなら、貴重で珍奇な交易品を携え、人々がさかんに往来していた海のシルクロードにふさわしく、地球科学的に見ても、きわめて貴重で珍しい火山活動の場所だった、ということになるでしょうか。

6-3 紅海と日本海の共通点——ともに立派な「ミニ海洋」

紅海とアデン湾を順番に見ていきましょう。

端から端まで2250キロメートルもある細長い紅海は、平均水深が約500メートル、最大水深は2777メートルあります。アデン湾とのつなぎ目にあたるバブ・エル・マンデブ海峡は、深さが200メートル弱しかなく、幅もわずか26キロメートルです（この海峡に比べると、スエズ運河は深さが10分の1、幅が100分の1しかないので無視できるサイズです）。つまり、紅海はアデン湾や地中海と接続しているものの、きわめて閉鎖性の強い海ということです。

ところで、この「紅海」という名称の由来をご存じでしょうか?

いくつかの百科事典には、「紅海とよぶのは、藍藻《らんそう》トリコデスミウム（窒素固定をおこなう植物プランクトンの一種）の異常繁殖により、海面が赤色を呈する海だから」と記されています。

つまり「赤潮」です。しかし、確かに紅海にも藍藻はいますが、名前に使われるほど目立って赤潮の発生する海なのでしょうか？　寡聞にして、はっきりしたデータをまだ見たことがありません。

『エリュトゥラー海案内記』などの歴史書によれば、「紅海」とは、「エリュトゥラー海」（ギリシャ語）を直訳したもので、紀元1世紀なかばにエジプトの商人がこの本を記していることからもわかるように、その頃にはすでにふつうに使用されていた名称です。そして、当時のエリュトゥラー海は、現在の紅海だけでなく、ペルシア湾からベンガル湾までを総称する言葉でした。つまり、海のシルクロードを含む広い海域を指しています。そのような海域全体に「赤潮の海」というような名前をつけるものでしょうか？

まったく違う説もあります。

当時のエジプト人が彼らの国を「黒い地方」、リビアやアラビア側を「赤い地方」とよんでいたことが「紅海」の語源につながったとする説や、あるいは、古代人が航海中に、強い太陽光線によって周囲の絶景（鉄に富む赤褐色の岩石が露出している山肌とか、赤みのある沿岸の砂漠とか）が海面に赤っぽく映し出されるのを見て命名したという説もあり、いったいどれが正しいのか、確定するのは難しそうです。

話を戻しましょう。42ページ図1‐11で示したとおり、紅海はとにかく塩分の高い海として有

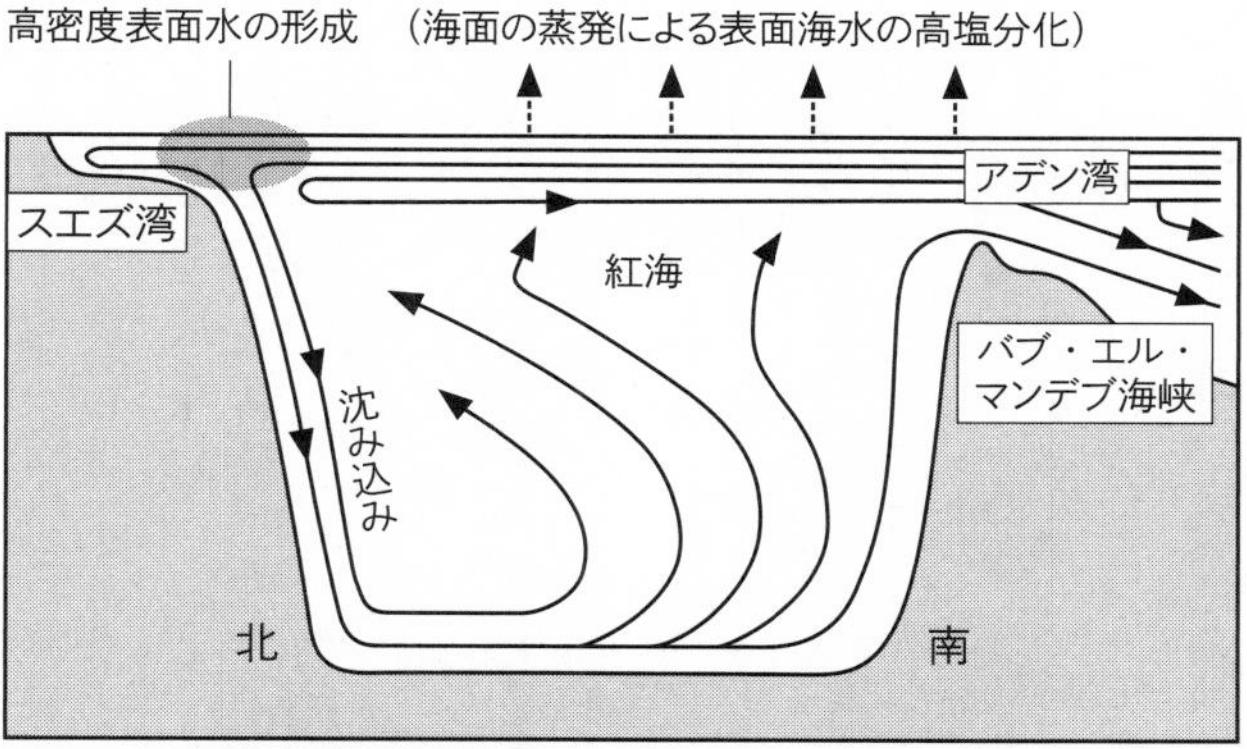

図6－3：紅海の熱塩循環のイメージ（Jean-Baptiste *et al.* (2004) の図に加筆）

名です。

ほとんど雨が降らず、流れ込む川らしい川もないため、熱せられた海面では一方的に蒸発が起こります。アデン湾から紅海へ流れこむ表面海水（塩分は36程度）がいくらか薄めてはくれますが、紅海を北上するにつれて塩分はぐんぐん高まり、北端のスエズ湾では39～42に達するといわれます。

冬季には水温も下がるので、紅海北端部の表面海水は十分に高密度になり、紅海の深海底へと沈降します。紅海独自の熱塩循環です。この熱塩循環によって海水が上下にかき混ぜられ、深層水に酸素が補給されます。

この循環のイメージを、図6－3に示しました。紅海を1回かき混ぜるのに数十年程度かかることが、海水の化学的性質から推定されています。

拙著『日本海　その深層で起こっていること』で

は、やはり閉鎖性の強い海である日本海に独自の熱塩循環が存在することを紹介し、世界の海を小規模ながら体現した「ミニ海洋」であることをお話ししました。

紅海もまた、日本海と同じく、自らかき混ぜる機能をもつ独立したミニ海洋の一つなのです（ただし、形状があまりに細長いため、日本海をそう喩えたように「風呂桶」とよぶのは、いくぶんためらわれるのですが……）。

6-4 紅海最深部に存在する「謎の海水」——かつて干上がったときの生き証人？

1948年、紅海は一躍、海洋科学者の注目を集めました。スウェーデンの観測船「アルバトロス」号が、深さ2000メートルの海底付近で「ホットブライン」（高温で塩分が異常に高い海水）を発見したのです。

1960年代になると、イギリス、ドイツ、アメリカの観測船が次々に詳しい調査を集中的に実施しました。その結果、ホットブラインが存在するのは、海底の火山活動にともなう温泉水（つまり熱水）が湧き出しているためと判明しました。海底温泉は、現在では世界中の海で何百ヵ所と見つかっていますが、紅海は、記念すべきその第1号だったのです。

紅海ではこれまで、海底拡大軸に沿って11ヵ所の海底温泉が見つかっています（北緯19度から

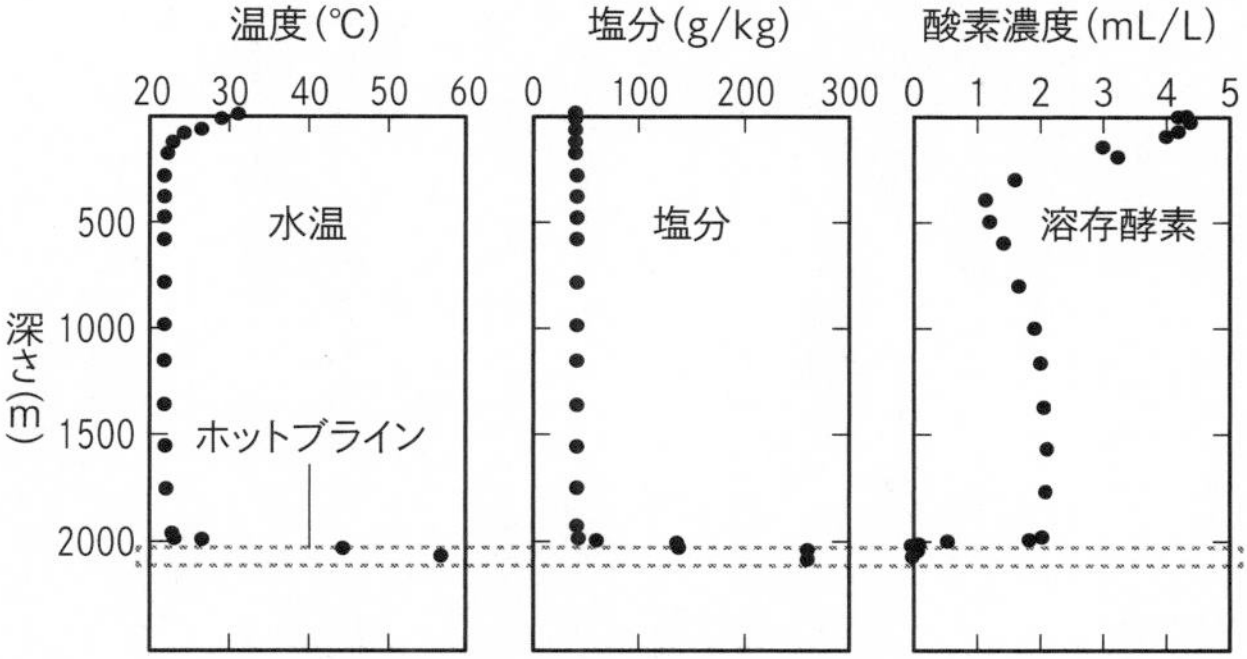

図6－4：紅海の代表的な海底温泉「アトランティスIIディープ」における海水の温度、塩分、酸素濃度の鉛直分布（1966年調査時）（Degens & Ross（1969）による）

27度までに集中）。図6－4は、そのうちの代表的な温泉域である「アトランティスⅡディープ」とよばれる海底の凹み（北緯21度20分、東経38度5分、深さ約２１００メートル）における水温、塩分、溶存酸素の鉛直分布です（いずれも１９６６年に観測されたもの）。

海底に近づくといずれの数値も急変し、海底付近に、水温56℃、塩分２６０、酸素濃度ゼロの異常な水塊がありますね（点線で囲んだ部分）。これがホットブラインです。塩分がふつうの海水の７～８倍もあり、ほとんど飽和食塩水に近い濃さとなっています。そのために非常に重く、海底面にべったりと張りついたままで安定し、第2章で述べた熱水プルームのように浮き上がることがありません。

かくも塩分が高いのは、紅海の海底下に分厚い蒸発岩（岩塩）の層があり、熱水がその中を通過してくるからです。蒸発岩は海水から水が蒸発し、海水に溶けていた塩類が析出してできる堆積岩のことをいいます。

したがって蒸発岩の存在は、かつて紅海の海水が干上がったことを暗示しています。地中海が約650万年前に干上がったのはよく知られていますが、紅海でも似たようなことが起こったのでしょう。紅海の海水は、年間に厚さ2メートルほど蒸発するので、もしなんらかの地殻変動でバブ・エル・マンデブ海峡がふさがり、インド洋と紅海との接続が断たれるようなことが起これば、わずか数百年程度で紅海から海水が失われてもおかしくありません。

この紅海にも、火山島が存在しています。インドネシアのクラカタウ火山に比べればはるかに控えめですが、紅海南部の水深が浅い拡大軸上で火山が海面に顔を出しています。イエメン領ズバイル諸島（北緯15度、東経42度付近）です。2007年以来、噴火によって新島が誕生したり、またすぐに海没したりするようすが、衛星観測によって捉えられています。

ちなみに、154ページのコラム4でご紹介したヴェスコーヴォ氏が、2020年3月、潜水船「リミティング・ファクター」号にサウジアラビアの研究者と乗船し、紅海では世界初となる有人潜航を、紅海最深部（深さ2777メートル）において成功させています。今後どんな研究成果が公表されるのか、楽しみです。

6-5 白鳳丸でいざアデン湾へ――知られざる熱水の存在を求めて

続いて、アデン湾の話に移りましょう。

第2章でお話ししたインド洋初の海底温泉「かいれいフィールド」の発見から、まだ数ヵ月しか経っていない2000年12月4日、ぼくはマレーシアのペナンから白鳳丸（54ページ図2-1）に乗船し、北インド洋を西へ向かいました。

目的はただ一つ、アデン湾で最初の海底温泉を見つけることです。短期間に長距離の航海が続くハードなスケジュールですが、チャンスは確実に活かさないと研究が進みません。

いつものように、白鳳丸上で大勢の研究者と再会したり、新たに知己を得たりしました。共同主席研究員は、1993年のインド洋・ロドリゲス三重点航海と同じく玉木賢策、藤本博巳の両博士です。

彼らの統率のもと、海底地形を詳しく調査するグループ、海底に機器を設置して地殻変動を捉えようとするグループ、海底の火山岩の性質を明らかにしようというグループ等々が前回と同じように組織され、そのなかに混じって、海水の採取と化学分析をおこなうわれわれのグループも、余念なく準備を進めました。この航海もインターリッジ計画の一環として実施されたため、アメリカ、フランス、インド、イエメンからも研究者が参加しました。

海底が拡大しつつあるアデン湾（196ページ図6－2参照）には、紅海と同じように、海底火山や海底温泉があってもおかしくありません。しかし、アデン湾におけるこの分野の研究例は過去にごくわずかしかなく、明確に海底温泉の存在を示すデータは皆無でした。

第2章でお話ししたような観測手法を今回も総動員し、なんとしてもこの機会をものにせねばと意気込みました。日本からはるか離れたアデン湾まで白鳳丸が出動することは千載一遇――といえばやや大げさですが、滅多にない機会であることは間違いありません。今年ダメでも、また来年があるさ、とはいかないのです。

とはいえ、海の研究者はたいてい楽天家で（ぼくもそうですが）、いったん観測が始まるとベストを尽くすことだけに集中します。過度の使命感や悲壮感にとらわれる人はあまりいません。しかしこのときの航海では、まったく別の理由で、少し緊張を感じていました。

6-6 警報装置「トラノモン」――使わずにすむように……

その理由とは――、招かれざる海賊の存在です。

この頃はまだ危険度は低めでしたが、ちょうど海賊問題が浮上しかけていました。3－4節で話題にしたソマリアの海賊たちです。高価な商品などは積んでいない研究船は、海賊のターゲットになるはずがない――そうは思いつつも、もし悪質な海賊に遭遇し、人質にでも取られてはかないません。

また、海賊とは違いますが、航海直前の2000年10月に、アデン港で自爆テロ事件が起こっていました。燃料補給のために停泊していたアメリカ海軍のミサイル駆逐艦「コール」が、国際テロ組織・アルカイダの攻撃を受けたのです。アデン湾は決して、天下泰平の海とはいいがたい状況にありました。

白鳳丸は丸腰ですから、不測の事態が生じても、消火用ポンプで相手に海水を噴射する程度の抵抗しかできません。しかも、走りつづける貨物船やタンカーとは違って、観測点に着けば停船しますから、海賊が本気で狙おうとしたら隙だらけです。

白鳳丸は、可能なかぎり予防措置を講じました。まず、船の周囲に防御線を張りました（図6-5）。細い針金で、もし誰かが船縁からよじ登ろうとして接触すると警報が鳴るしくみです。船ではこれを、「トラノモン」とよんでいました。

「なんですか、トラノモンって？」

船員さんに聞いてみると、この警報装置を製作した会社の所在地が東京都港区虎ノ門にあるのだが、難しくて覚えにくい会社名なので、「虎ノ門にあるあの会社」がやがて短縮されて、「トラ

図6－5：白鳳丸の舷側に張りめぐらされた警報装置「トラノモン」の支柱　その位置を白い矢印で示した。ワイヤー（針金）はごく細いので、見えづらい（筆者撮影）

ノモン」という通称でよばれるようになった、とのことでした。

トラノモンをセットして早々、うっかり触れてしまった学生がいて、船内に大きな警報を響かせました。きちんと作動するようで一安心ですが、できれば二度と鳴らずにすませたいものです。

海賊対策としてはさらに、船内への出入り口を2ヵ所だけに限定し、他の扉はすべて厳重にロックされました。観測をおこなっていない航走中は、これら2ヵ所も閉鎖されます。ブリッジ（船橋）では、「ワッチ」とよばれる見張りの当直を強化し、2台のレーダーを常時作動させて、24時間の厳戒監視体制が敷かれました。

探照灯や大音響（50W）スピーカーも、万一のときにはすぐに使えるよう準備されました。視界のきかない夜間は、停船観測はしないことも決められました。

こうして白鳳丸は、ふだんとは違った緊張感を漂わせながら、しずしずとアデン湾へ近づいていきました。観測海域はアデン湾の北側、イエメンの排他的経済水域（ＥＥＺ：Exclusive Economic Zone）内です。ここで海洋観測をおこなうことを、半年前から外務省を通じてイエメン政府に伝え、イエメンの研究者にも乗船してもらうことで、了解を得ていました。

一方、アデン湾の南側はソマリアのＥＥＺで、ソマリアは当時、内乱の無政府状態が続いていました。日本政府はそのようなソマリアを国家として認めていない状況でしたので、こちら側に入ることはできません。

6-7 アデン湾の三つの深度で見つかった異常値

２０００年12月12日、白鳳丸はアデン湾に入り、まずはマルチビーム音響測深装置による海底地形探査を実施しました。詳細な海底地形図が描き出されると、海底拡大軸などの特徴的な場所に移動し、さまざまな観測作業が連日、繰り広げられました。

図６-６に、このときの観測点を示します。アデン湾の水深は、最も深いところでも２０００メートルを少し超える程度で、西へ向かうにつれて少しずつ浅くなりました。

われわれ化学グループの主要機器は、61ページ図２-４に示したものと同タイプの「ＣＴＤセ

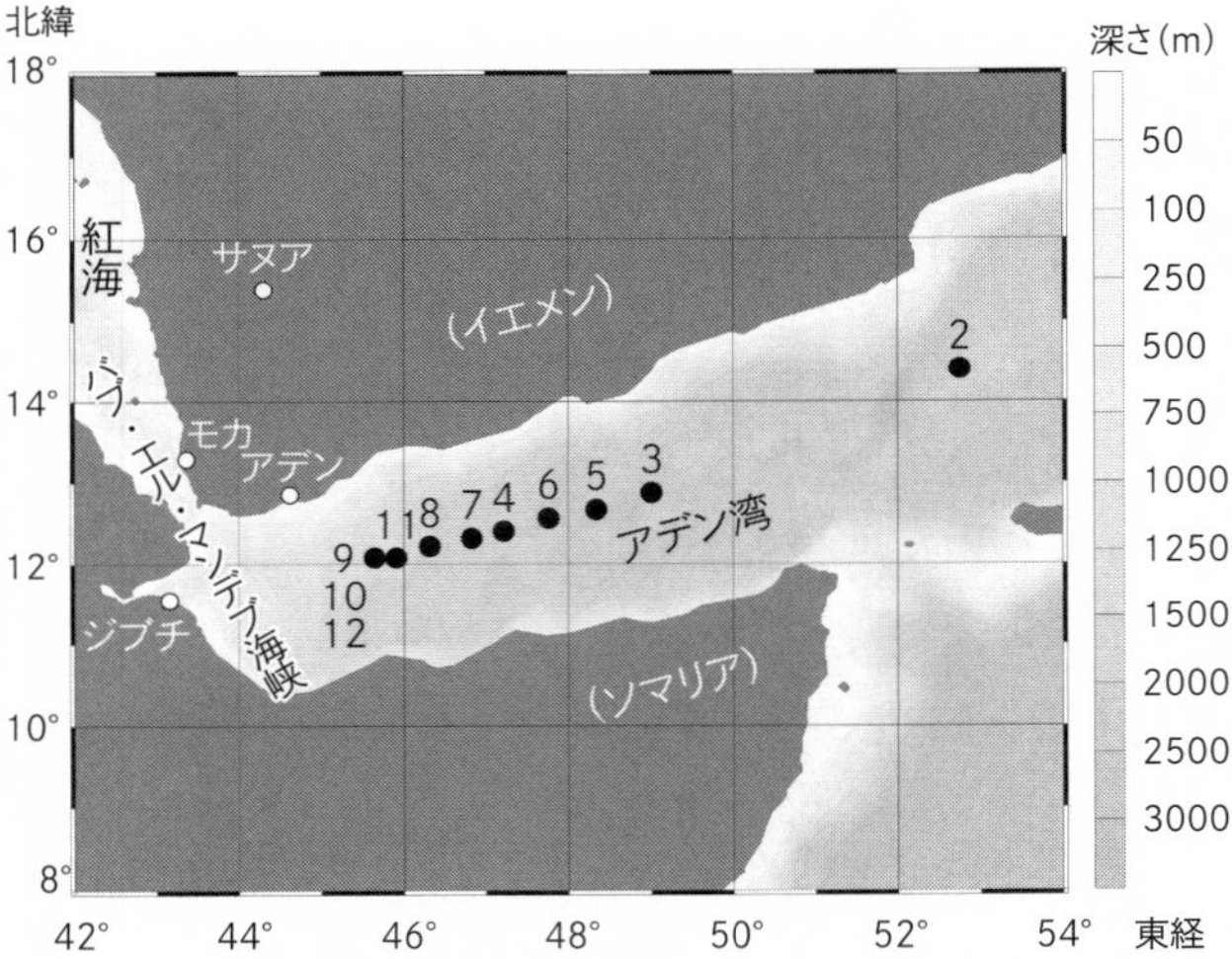

図6-6:2000年12月〜2001年1月におこなわれた白鳳丸によるアデン湾調査航海における観測点の位置

ンサー付き多層採水装置」です。この装置を海底直上まで降下させ、海底からの距離を少しずつ変えながら約20層の海水試料を採取し、それらの化学分析を進めていきました。

その甲斐《かい》あってか、熱水プルームが続々と見つかりました。

図6-7は、熱水の指標となるマンガン、鉄、およびメタンガスの濃度分布を、代表的な5つの観測点(図6-6中の4、6、7、8、11)について重ねたものです(それぞれの観測点の深度を図6-7の右端に表示)。

まず目につくのが、測点11の深さ約1000メートルにくっきり現れたマンガンと鉄の顕著なピーク(A)です。測点

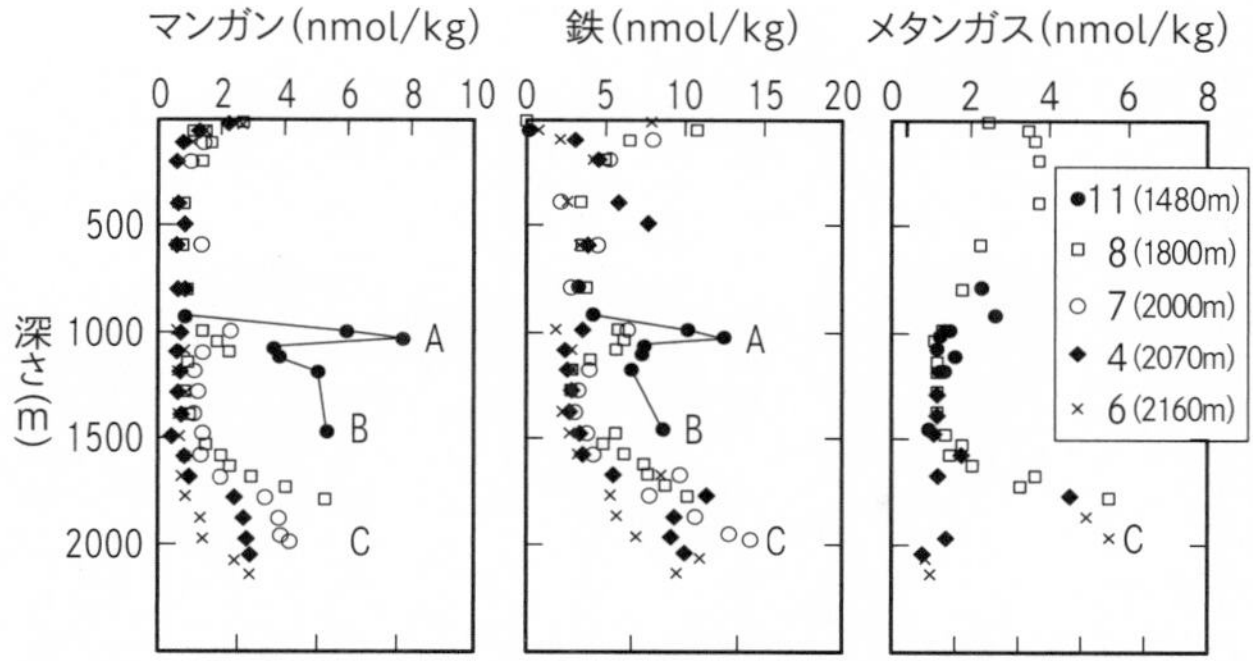

図6－7：アデン湾内の5つの観測点で得られた海水中のマンガン、鉄、メタンガスの鉛直分布（Gamo *et al.* (2015)による）

8と7でもほぼ同じ深さに、濃度レベルは低いですが異常が認められます。

測点11のごく近くの水深1000メートル以深の海底から、高温の熱水噴出があるといえそうです。これらのピークは海水のにごりをともなっていることから（透過度計のデータからわかりました）、ブラックスモーカーが噴き出しているのかもしれません。

ところがふしぎなことに、図6－7の右端のグラフに示されているように、メタンガス（CH_4）は、1000メートル付近の濃度異常をほとんど示しませんでした。熱水プルーム内で微生物による分解を受けたためなのでしょうか（2－7節参照）。

帰国後に、持ち帰った海水試料を用いて、メタンガスの炭素同位体比（^{13}C／^{12}C）分布を調べました。果たせるかな、深度1000メートル付近にはっきりとピークが現れたのです（^{13}Cを含むメタンが多かった）。

これは間違いなく、微生物による分解を受けた結果とわかりました。

なぜそう判断できるのかというと、メタンガスが微生物によって分解されるときは、^{12}Cを含む軽いメタンが優先的に分解されていき、残されたメタン中では^{13}Cを含む重いメタンの割合が増えていくからです。濃度の異常ピークが微生物活動によって消されてしまっても、残存するメタンの炭素同位体比の異常から熱水プルームのピークがわかるという珍しいケースでした。

ところで、測点11における濃度分布には、もう一つ、特徴があります。深さ1000メートル付近にあるマンガンと鉄の鋭いピークの下側、深さ1200メートルくらいから海底直上（1480メートル）にかけて、別の濃度異常層（熱水プルーム）のふくらみが現れているのです（図6－7で「B」と表示）。

ピークAを形成している熱水噴出口とは、また別の熱水噴出口があるためでしょうか。あるいは、噴出口は共通でも、熱水の噴き出し方が強まったり弱まったりするために、幅広い深度にわたって熱水プルームが拡がっている可能性もあります。将来、この海底に潜航して直接、現場を観察すれば、濃度異常の原因を特定することができるでしょう。

図6－7のさらに下側（1500メートルより深いところ）に目を転ずると、測点11の東側にある測点8、7、4、6においては、別の熱水プルームのピークが、深さ1800～2100メートルあたりに見えています（図6－7で「C」と表示）。メタンにも濃度異常がはっきり見

えています。ただし、透過度の異常（海水のにごり）はほとんどないので、透明な熱水のように思われます。これについても、潜航調査によって明らかにできるはずです。

A、B、Cと、さまざまな深さに、性質の異なる熱水プルームが目白押しに並んでいることがわかり、ぼくたちは嬉しい悲鳴を上げながらデータの解析を進めました。

じつは、もう1ヵ所、図6－6で最も西側にある観測点9、10、12（6－9節で詳しく述べますが、これら3点はほとんど同じ場所にあり、観測点というよりも「観測線」です）において、今航海最大の熱水プルームが見つかるのですが、その話に進む前にひと息入れることにしましょう。実際の観測でも、ちょうどこのあたりで中休みを取りましたので。

6-8 茶褐色の砂漠の町――古代都市・アデンの歴史遺産

白鳳丸は12月21日から25日にかけて、食糧の補給や給油のため、そして乗船者の休息を兼ねて、イエメンのアデン港に寄港しました（図6－8）。アデンは、首都・サヌアに次ぐイエメン第二の都市です。ちなみに、イエメンといえば、紅海に面したコーヒー発祥の地・モカもよく知られています（210ページ図6－6参照）。

ぼくにとってアデン入港は初めてのことで、砂漠の大地、アラビア半島の土を踏むのも初体験でした。モーリシャスやオーストラリアといった、それまでにインド洋で訪れたことのある寄港地とはだいぶ雰囲気が違います。目の前に迫ってくる、緑のない、茶褐色に満ちた陸のたたずまいには、一種異様な迫力を感じました。

和辻哲郎の『風土』に、「砂漠型」風土の典型として、アデンが取り上げられています。

図6－8：アデン港の風景（2000年12月、筆者撮影）

「……かかる青山的人間がある時インド洋を渡ってアラビアの南端アデンの町に到着したとする。彼の前に立つのは、漢語の「突兀《とっこつ》」をそのまま具象化したような、尖った、荒々しい、赤黒い岩山である。そこには青山的人間が「山」から期待し得る一切の生気、活力感、優しさ、清らかさ、爽《さわ》やかさ、壮大さ、親しみ等々は露ほども存せず、山もかほどに陰惨な感じを与えはしない。……」ただ異様な、物すごい、暗い感じのみがある。至るところ青山ある風土においては、いかなる岩

（和辻哲郎『風土』より）

突兀とは、山などが高く聳《そび》え立つさまを指します。じつは、入港前にこの一節を読んで予習し、かなり身構えていたせいか、「すごいところだな」と感じはしたものの、人生観が変わるほどではありませんでした。

とにかく昼夜を問わない船上の閉鎖的生活から解放された嬉しさに、仲間と一緒に上陸し、好奇心のおもむくまま、あちこち歩き回りました。しばらくすると当初の違和感は薄れ、アデン観光をけっこうリラックスして楽しんだように記憶しています。

ちょうどイスラム教のラマダーンの期間でした。イスラム教徒は、日中はいっさい飲食できません。町の中はひっそりと静まり、日陰にたむろする人々は、おとなしく日没を待っているようでした。

数名でタクシー2台に分乗したところ、いずれも20年くらい前のものと思しき日本車で、窓ガラスにはヒビが入り、ヘッドライトが壊れています。町中にいるのはほとんどが男性ですが、ごくまれに、黒装束で目だけを外に出している女性を見かけます。英語が堪能なイエメン人の運転手は、ぼくらに向かって「Hey, Japanese Ninja!」とおどけてみせました。

アデンの貯水池（Aden Tanks）まで足を延ばしたので、少しご紹介しましょう。

この貯水池は、町の東側のクレーターとよばれる山岳地帯（最大標高約550メートル）にあ

図6－9：アデン貯水池（2000年12月、筆者撮影）

ります。古い火口のような地形を生かし、形状や容積の異なる池が十数ヵ所、山体を巧みにくり抜いたように配置され、接続されていました（図6－9）。

先にも触れた『エリュトゥラー海案内記』を見ると、「アデンには良質の給水地がある」と書かれているので、同書が執筆された紀元1世紀なかばには、すでに存在していたのかもしれません。古代都市・アデンならではの貴重な歴史遺産です。

ガイドブックによれば、かつては池が50くらいあったものが、時代とともに崩れたり埋まったりして3分の2が失われ、現在では貯水池としての実用的価値はもはやないのだとか。茶褐色一色に染まった荒々しい山肌を見上げつつ、干上がった池をいくつも目にしながら階段を登っていくと、底のほうにわずかに水の溜まっている池が一つだけ残っていました。

明治17年（1884年）9月に、ドイツへの留学航海の途上でアデンに寄港した森鷗外は『航西日記』のなかで、この貯水池のことを「ソロモン王によって創られた溜め池だ」と記しています。しかし、体調が悪く見学には行けなかったとあり、残念ながら当時の貯水池のようすを同書から窺い知ることはできません。

海のシルクロードの中継基地として栄え、多くの商人が行き交っていた頃のアデンは、砂漠のオアシスのような存在だったのでしょう。アデンは年間降水量が50ミリメートル程度しかありません。飲料水をしっかり確保し、寄港した船にも水を分け与えるのに、貯水池がきわめて重要な役割を果たしていたことが想像されます。

ところでここ数年、アデン湾とその周辺国は、立て続けにサイクロンに見舞われました。サイクロンは台風と同種の、インド洋における強い熱帯低気圧です。

アラビア海で発生するサイクロンは年に1~2個程度しかありません。それがアデン湾に侵入してくることは滅多にないのですが（数十年に1回程度）、2015年11月に二つ、2018年5月にも二つのサイクロンがアデン湾を経てイエメンやオマーンに上陸し、沿岸地域に大洪水を引き起こしたことが報道されています。

アデンの貯水池にも大量の雨水が流れ込んだのでしょうか。気になるところです。

6-9 アファール三重点の影響を受けた「ふたご火山」の謎

アデンでのつかの間の休日を終え、白鳳丸はふたたびアデン湾に戻りました。真っ先に向かったのは、210ページ図6－6で最も西に位置する観測点9、10、12です。

アデンに入港する直前の地形調査で、そこに〝面白いもの〟が見つかっていたのです。明らかに火山体と思われる、細長く盛り上がった二つの海山。それも、よく似た楕円《だえん》形の山体がぴったりと接している、珍しいふたごの海山です（図6－10）。

2000年12月という、ちょうど20世紀から21世紀へ移り変わるタイミングで発見されたことから、このふたご海山は、玉木主席研究員によって「アデン新世紀海山（Aden New Century Mountains）」と名付けられました。また、北側の頂上を「白鳳ピーク（Hakuho Peak）」、南側を「アデンピーク（Aden Peak）」とよぶことにしました。

二つの海山はいずれも、山頂部の水深が約500メートルで、活発な火成活動によって成長しつつあるようです。となれば、ここでも海底温泉が見つかるかもしれません。

「伝家の宝刀」を抜くときがきました。ロドリゲス三重点でも活用したTow-Yo（トーヨー）観測法です（67ページ図2－7b参照）。

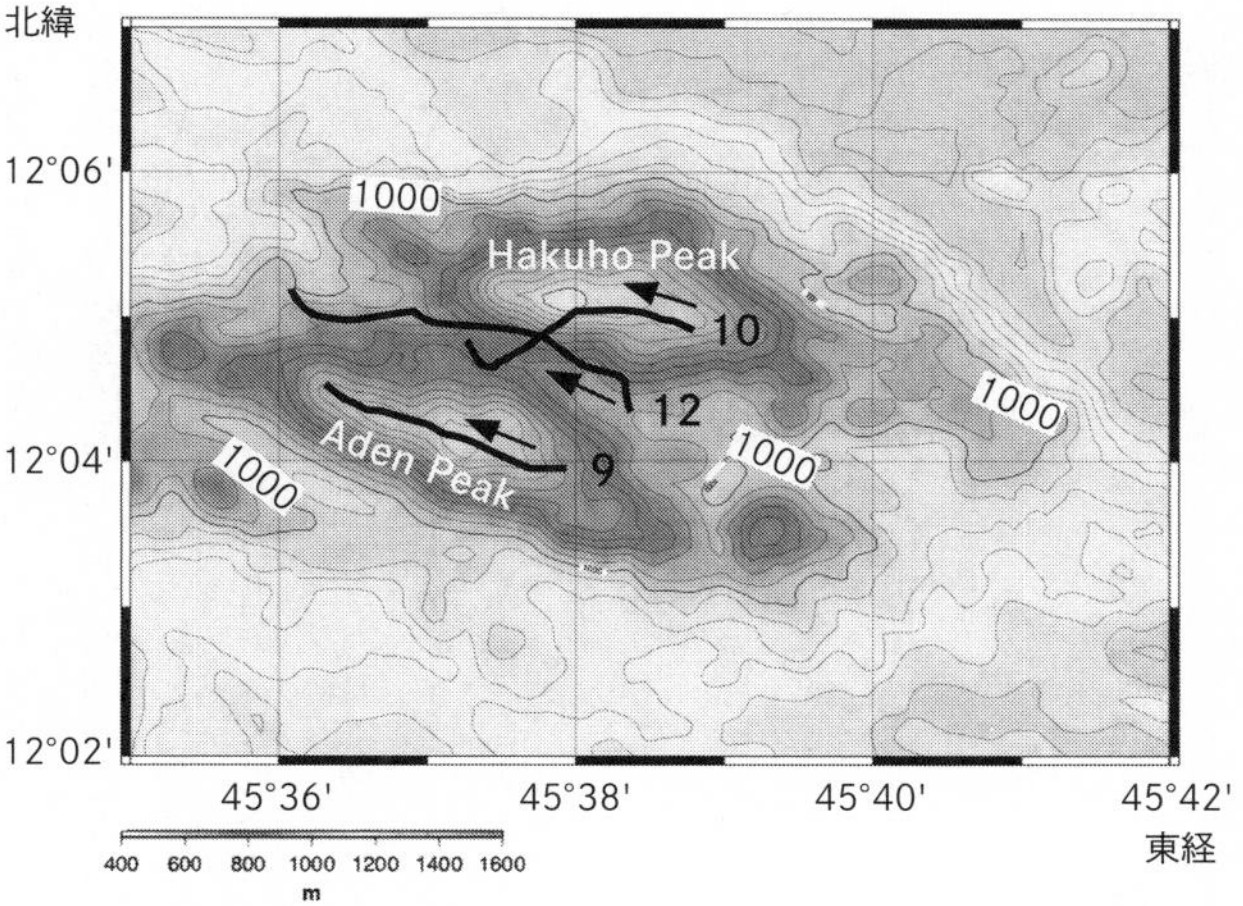

図6－10：アデン新世紀海山（ふたご海山）の海底地形と、3回のTow-Yo観測コース　2つの海山には「Hakuho Peak」と「Aden Peak」の名前がつけられた（Tamaki, Fujimoto *et al.*(2001)より）

船から降下させた水中観測機器（曳航体）を上げたり下げたりしながら、海山の上方をゆっくり移動することによって、熱水プルームが存在するかどうか、存在する場合はどんな形状をしているかなど、詳しい情報を短い時間で明らかにできる優れ技です。

このとき曳航体には、開発されてまもない現場化学分析装置「ＧＡＭＯＳ（Geochemical Anomalies MOnitoring System）」が新たに取り付けられました。ＧＡＭＯＳは、岡村慶博士（現・高知大学教授）の開発した、世界に１台しかないハイテク分析計で、海中で自動的に海水を吸い込んではそのまま分析し、海水中の鉄とマンガンのデータを連続して取得できる「優れもの」です。

まず、二つの海山の山頂を横切ってみました。図6-10に示した観測線9および10です。しかし、どちらの山頂付近にもほとんど火の気はありませんでした。がっかりして、それでも観測線10の最後に白鳳ピークの山頂から南側の谷間へ降りてみたところ、マンガン濃度が急上昇し、それまでにアデン湾で観測したうちで最大の濃度（18ナノモル）が検出されたのです。

そこで気を取り直し、観測線12では、徹底して二つの海山に挟まれた谷間の部分を調べました。じつはこのとき、ぼくたちに割り当てられていた観測時間はすでに底をついていて、これが最後のチャンスでした。

「見つかってくれよ！」

心の中で頭を垂れ、合掌する思いで、最後のＴｏｗ-Ｙｏ観測に臨みました。祈りが通じたのでしょうか、最後の最後に〝大魚〟がかかりました。そのとき得られた、海水中の鉄とマンガンの2次元濃度分布を、Ｔｏｗ-Ｙｏの軌跡とともに図6-11に示します。図6-10とあわせてご覧ください。

観測コースの中ほど、二つの海山の山頂と山頂の中間あたりを通過したときに、濃厚な熱水プルームに遭遇し、鉄もマンガンも、この航海中で最大の濃度異常を示しました（それぞれ65および60ナノモル）。

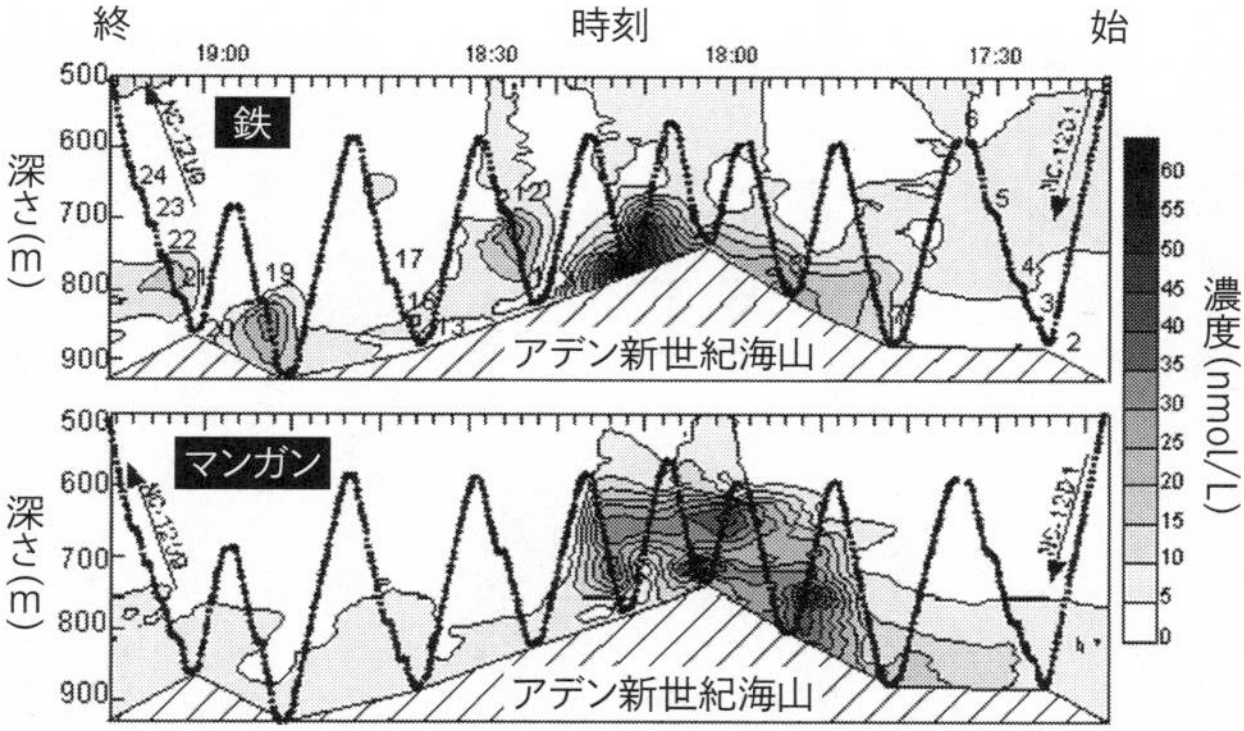

図6－11：Tow-Yo観測（観測線12）によって現場化学分析装置「GAMOS」が描き出した、アデン新世紀海山を覆っている熱水プルーム（Tamaki, Fujimoto *et al.*(2001)より）

211ページ図6－7に示したグラフ上に重ね書きをしようとしても、はるかにオーバースケールしてしまうほどの高濃度に、ぼくたちは歓声を上げ、沸き立ちました。

ホームラン級の大成果！

あとは潜水船で潜って、現場をこの目で確認するだけです。

なお、鉄とマンガンの分布形が微妙に異なる理由はよくわかりません。熱水の噴出後に、二つの元素の挙動になんらかの違いがあるのでしょうか。

熱水プルームの中心が650～800メートルくらいの深さにあるので、温泉は海山の山頂（深さ550メートル）ではなく、もっと深い、海山の斜面か谷底のどこかにあるものと推測されます。透過度の異常（海水のにごり）もあわせて検出されたことから、ブラックスモーカーがもくもくと噴き出す光景が頭に浮かびました。

この航海中、アデン新世紀海山からは地質学グループによって岩石も多数採取され、それらの化学組成や同位体組成の解明が進みました。その結果、ふたご海山の火山岩は、アファール三重点と同じように、ホットスポットに特有の性質をもつことが明らかになりました。アファール三重点の影響が、アデン湾西部の海底にまで広がっていたのです。

6-10 いつふたたびアデン湾へ——中止を余儀なくされた科学調査

アデン新世紀海山をはじめとして、アデン湾の海底拡大軸には、あちこちに海底温泉のあることが、20世紀最後の白鳳丸航海によって初めて明らかになりました。

これだけ充実した調査データがあれば、次は潜水船か無人探査機の出番です。海底を直接観察すれば、新しい事実が次々と見つかることでしょう。

考えただけでも興味津々、わくわくしてきます。

熱水の温度はどのくらいあるのか？

インド洋中央海嶺の他の熱水、さらに世界のさまざまな海域で見つかっている熱水と比べて、化学組成や同位体組成にはどんな特徴があるか？

有用な金属元素に富む熱水鉱床はあるのか？

いったいどんな熱水生物が群れているのか？（インド洋中央海嶺の熱水生物と同じか、それともまったく異なるのか）

あのスケーリーフットは、アデン湾にも生息しているだろうか？

……等々、知りたいことが山ほどあります。

ところが――。

残念きわまりないことに、白鳳丸航海から20年以上が経過した現在でも、ぼくたちはいまだアデン湾を再訪することができずにいます。研究船が停船して観測をおこなったり潜水船を降下させたりするどころではない、きわめて危険な海域へと、アデン湾が変貌してしまったからです。

原因の一つは、すでに何度も登場しているソマリアの海賊です。２００５年頃から海賊事案の発生数が急増し、各国の貨物船やタンカーが次々とその標的になりました。我が国も２００９年以降、これに対処する国際協力の一環として自衛隊を派遣し、ジブチに基地を設け、アデン湾やソマリア沖における海賊対処行動に従事しています。

そうした努力の甲斐もあって、海賊の出没は減少してきました。しかし、安心して学術研究がおこなえるようになるには、まだまだ時間が必要なようです。

もう一つ別の問題として、２０１５年以来、イエメンで続いている内戦があります。周辺のイスラム諸国がそれぞれの思惑で加担し、複雑な代理戦争の様相を呈しています。もともとアラブの最貧国といわれていたイエメンは、国土がさらに荒廃し、医療施設は崩壊して、3000万人の人口の1割にも達する大量の難民が発生しているとか。とてもイエメンのEEZ内で、海洋調査などおこなえる状況ではありません。

海のシルクロードの水面下にひそむサイエンスの宝庫を、ふたたびイエメンも含む国際的な協力のもとで調査・研究できる日の来ることを、心から願わずにはいられません。

COLUMN ❻

中華帝国の「大航海時代」——鄭和のインド洋大遠征

1405年から1433年にかけて、中国（明）によってなされた7回に及ぶインド洋の横断航海——。その規模の大きさ、優れた航海技術など、何をとっても驚くことばかりです。

明王朝3代目の永楽帝の下命により、この大事業を実行したのが、永楽帝に仕える宦官《かんがん》であった鄭和《ていわ》（1371〜1434？）でした。

10世紀を過ぎる頃から、海のシルクロードでは、それまでのムスリム商人のダウ船だけでなく、中国製のジャンク（蛇腹式の折りたたみ帆をもつ木造帆船）が存在感を増していきます。

11〜12世紀になると、中国で羅針盤（「指南浮針」とよばれ、磁針を水に浮かべて方位を知った）の実用化が進みました。

そして、ダウ船の船乗りが育んできた天体観測技術と、中国伝統の水時計を組み合わせた船位決定手法が加わって、安全な長期航海が可能になりました。造船技術も飛躍的に伸び、元の時代（1271〜1368）にいたって、インド洋におけるジャンク交易は、最盛期を迎えます。

ちなみに、中国の羅針盤技術は、海のシルクロードを経てヨーロッパに伝えられ、15〜16世紀になって、ようやく西欧の大航海時代が始まります。

　やがて、元に代わって中国を支配した明王朝（1368〜1644）は、「中華思想」に基づく世界秩序の確立を目指しました。それまでの自由な民間貿易から一転して海禁政策を採り、明国を宗主国とする朝貢貿易体制を築き上げようとします（琉球王国も、その朝貢貿易体制に組み込まれた国の一つでした）。

　そして、インド洋周辺国への国威宣揚のため、繰り返し派遣されたのが、鄭和の大艦隊でした。まさに、世界に先駆けた中華帝国による大航海時代の幕開けといえるでしょう。

　なにしろその規模が半端ではありません。まず、宝船《ほうせん》（「宝を持ち帰る船」の意）とよばれる特大ジャンク（長さ120〜150メートル、幅50〜60メートル、数千トン規模と推定される）が約60隻も建造されます。宝船はある程度の武装も備えており、膨大な物資と人員を乗せることができました。他に小型の随伴船を合わせると計200余隻、乗船者の総数は、なんと2万7000〜2万8000名にも達したと推測されています。

　これだけ大規模な船団がやって来たら、どこの国も驚愕《きょうがく》したに違いありません。そして、永楽帝の勅書を手渡されれば、使節を出さざるを得なかったことでしょう。遠征が繰り返しおこなわれたのは、各国の使節に潤沢な下賜品をもたせたうえで帰国させるためでもありました。

　数だけで比較すれば、半世紀以上遅れてインド洋にやって来た、ポルトガルのヴァスコ・ダ・ガマ艦隊は、100トン規模の船がわずかに4隻で総員170名にすぎません。ちなみ

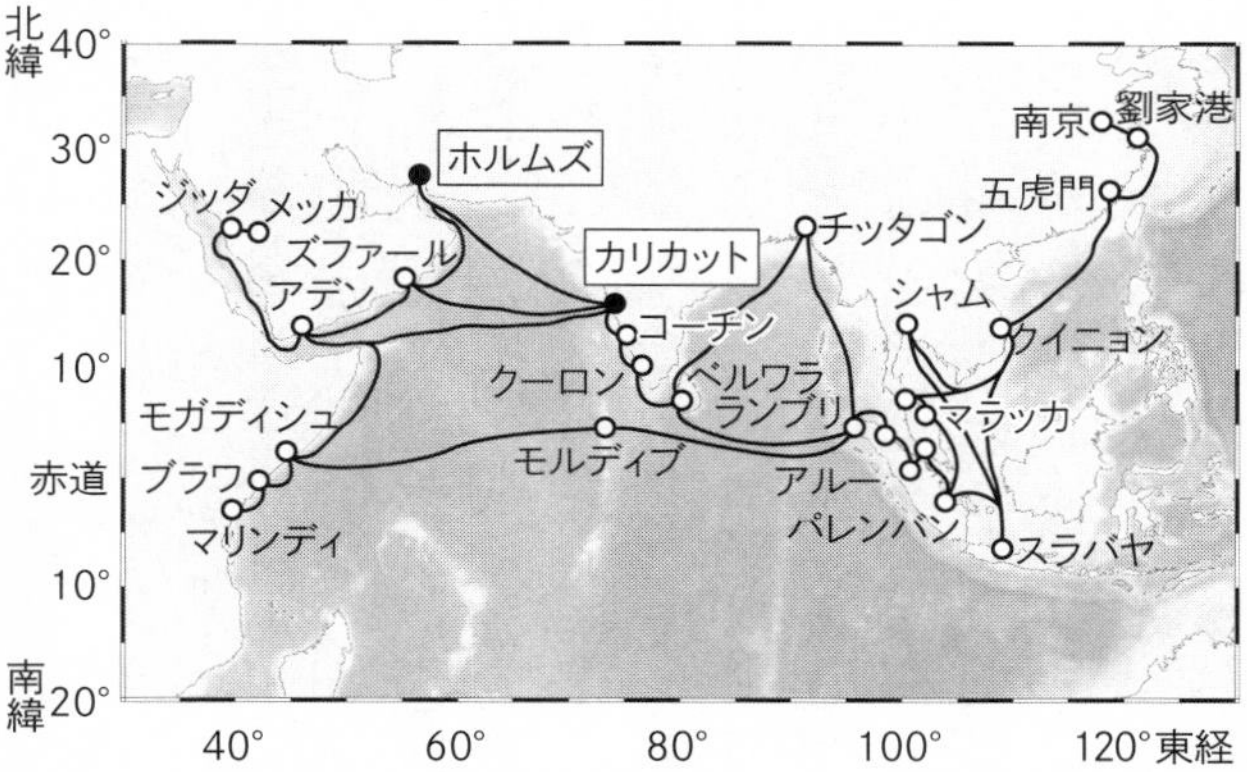

図6-12：1405年から1433年にかけて、計7回おこなわれた中国・明王朝の鄭和によるインド洋大遠征で用いられた航路

に、日露戦争の際にインド洋を横断して日本にやって来たバルチック艦隊でさえ、計38隻、乗船者約1万1000名にすぎないのです。鄭和の艦隊が、いかに想像を絶するほど大規模なものであったかがわかります。

図6-12は、鄭和艦隊の代表的な航海ルートです。季節風や海流が、航海にうまく活かされました。最終目的港は、1~3回めの大遠征のときがインド西岸のカリカット、4~7回めではペルシア湾のホルムズでした。また4~7回めの航海では、本隊から枝分かれした支隊が、紅海やアフリカ東岸まで足を延ばしています。

アデンに寄港した一行は、きっと貯水池を訪れたことでしょう（216ページ図6-9参照）。貯水池の水で喉を潤し、船にも飲料水として積み込んだに違いありません。

エピローグ

インド洋から聞こえてくるざわめきが、年々、少しずつ、その音量を増大させていることにお気づきでしょうか。

それは一つには、地球温暖化や人為的な海洋汚染が世界をゆるがす大問題となり、研究の遅れていたインド洋においても、学術的な調査・研究が活発におこなわれるようになってきたことの現れと思われます。

海洋学の国際非政府組織である海洋研究科学委員会（SCOR：Scientific Committee on Oceanic Research）や、国連ユネスコに属する政府間海洋学委員会（IOC：Intergovernmental Oceanographic Commission）等の支援を受け、インド洋における2回めの国際共同観測（IIOE-2）が、2015年に開始されました。

日本からもJAMSTECの「白鳳丸」や「みらい」などの研究船がインド洋を訪れ、さまざまな研究分野で大きな成果を上げつつあります。

しかし、インド洋の発するざわめきは、自然科学の領域にとどまらないようです。政治・経済・歴史など、人文科学的な分野においても、インド洋を包む熱気はかつてない高まりを示しています。インド洋に接する国々の多くが、いわゆる第三世界に属し、いま急速な発展途上の段階にあることもその一因でしょう。

そのような熱気を背景に、中国の「一帯一路」路線、または「真珠の首飾り」戦略が拡大しつつあります。それを抑制しようとする動き（たとえば日本の「自由で開かれたインド太平洋」戦略）も構築されつつあります。

複雑な国際戦略を読み解く力は、ぼくにはとてもありませんが、我が国へのエネルギー供給の生命線であるシーレーンがインド洋を貫通して存在するだけでも、インド洋の国際的重要性は自明のことであり、インド洋の現状と未来に、たえず視線を向けていてしかるべきだと思います。

さらに強調しておきたいのが、インド洋の歴史の分厚さと面白さです。インド洋には、他の大洋とは比べものにならないほど長い歳月にわたって、人類の活動の痕跡が脈々と息づいています。大西洋にしろ太平洋にしろ、人類が本格的に横断するようになるのは、やっと15世紀以後のことですが、インド洋では、はるか紀元前の昔から、陸に沿った海の交易路（海のシルクロード）が確立され、大勢の人々が海の恩恵に浴してきました。

第1章で述べた、北側をすっぽりユーラシア大陸が覆っているという、他の大洋にはないインド洋独自の地勢、それが、ここでも大きく作用してきたことがわかります。

とはいうものの、インド洋は地理的に日本から遠く離れた大洋であるため、どうしても馴染みが薄く、どこかベールに包まれたような、もやもやしていて、摑みどころのないイメージが強いことは否めません。

インド洋の基礎的な科学リテラシーをもつ日本人は、残念ながらまだ多くないでしょう。一般向けに、インド洋のことをまとめた書籍もありません。我が国が今後、インド洋やインド洋圏の国々との関わりをますます強めようとするとき、インド洋のイメージがあいまいなままでは、的外れの空論に終始してしまうのではないかと気がかりです。

本書は、インド洋という大海と向き合い、その自然環境を、それに依存して動く人々の生活や歴史とも関連づけ、一般向けにできるだけわかりやすくまとめようと努めた最初の試みです。インド洋という海の面白さ、ふしぎさ、底の深さ、そして、びっくりするほど強い日本との関わりを、気楽に寝転んでお読みいただき、少しでもインド洋に親しみを覚えるきっかけにしていただけたならば、筆者として望外の喜びです。

太平洋に比べれば注目度が低いかもしれないインド洋ではありますが、インド洋を詳しく知ることは、逆に太平洋や大西洋など他の大洋で起こっていることへの理解を深め、グローバルな発想へとつながるのではないでしょうか。地球表面の7割を覆う海洋で繰り広げられるビッグサイエンスの世界を、いっそう身近に感じていただければたいへん嬉しく思います。

本書の執筆にあたっては、多くの方々のお世話になりました。山形俊男博士（東京大学名誉教授）、橋本惇博士（元長崎大学教授）、張勁教授（富山大学）、村山雅史教授（高知大学）、折橋裕二教授（弘前大学）および山本順司准教授（北海道大学）からは、有益な情報をいただきました。渡辺紀子氏（東京大学大気海洋研究所）には、資料の収集を手伝っていただきました。

講談社ブルーバックス編集部の倉田卓史氏には、本書の企画段階からさまざまなコメントをいただき、粗稿に対して重要なご指摘を数多くしてくださいました。

これらの皆様に、衷心より感謝の意を表します。

インド洋の中央海嶺研究を世界的レベルに高め、白鳳丸のインド洋航海で繰り返しご指導いただいた玉木賢策教授が、出張先の米国で急逝されてから10年になります。もし玉木教授との出会いがなかったら、本書は決して生まれることはなかったでしょう。

ここに深く哀悼の意を表し、本書をつつしんで玉木教授に捧げます。

令和3年7月吉日

蒲生　俊敬

ismedia.jp/articles/-/65978)
小林憲正(2016)『宇宙からみた生命史』ちくま新書
大石道夫(2015)『シーラカンスは語る：化石とDNAから探る生命の進化』丸善出版
Rogers, A.D. *et al.* (2012) : The discovery of new deep-sea hydrothermal vent communities in the Southern Ocean and implications for biogeography. *PLoS Biol.*, 10 (1) : e1001234.
Takahata, N., Shirai, K., Ohmori, K., Obata, H., Gamo, T., Sano, Y. (2018) : Distribution of helium-3 plumes and deep-sea circulation in the central Indian Ocean. *Terr. Atmos. Ocean. Sci.*, 29, 331-340.
高井研(編)(2018)『生命の起源はどこまでわかったか』岩波書店
高井研(2020)スケーリーフット研究小史　http://www.jamstec.go.jp/j/jamstec_news/20200408/
Takai, K., Gamo, T., Tsunogai, U., Nakayama, N., Hirayama, H., Nealson, K.H., Horikoshi, K. (2004): Geochemical and microbiological evidence for a hydrogen-based, hyperthermophilic subsurface lithoautotrophic microbial ecosystem [HyperSLiME] beneath an active deep-sea hydrothermal field. *Extremophiles*, 8, 269-282.
Van Dover, C.L. (2000) : "The Ecology of Deep-Sea Hydrothermal Vents", Princeton Univ. Press.
ヴェルヌ、ジュール(荒川浩充訳)(1977)『海底二万里』創元SF文庫
矢萩拓也・CHEN Chong・川口慎介(2019)深海の化学合成生態系動物群集の幼生分散過程、『海の研究』、28, 97-125.

【第6章】

Degens, E.T. & Ross, D.A. (Eds.) (1969) : "Hot brines and recent heavy metal deposits in the Red Sea", Springer.
蒲生俊敬(2016)『日本海　その深層で起こっていること』講談社ブルーバックス
蒲生俊敬(2018)『太平洋　その深層で起こっていること』講談社ブルーバックス
Gamo, T., Okamura, K., Hatanaka, H., Hasumoto, H., Komatsu, D., Chinen, M., Mori, M., Tanaka, J., Hirota, A., Tsunogai, U., Tamaki, K. (2015) : Hydrothermal plumes in the Gulf of Aden, as characterized by light transmission, Mn, Fe, CH_4 and $\delta^{13}C$-CH_4 anomalies. *Deep-Sea Res. II*, 121, 62-70.
今村遼平(2013-2016)中国の海洋地図発達の歴史(1)～(13)、『水路』、164号～176号
Jean-Baptiste, P. *et al.* (2004) : Red Sea deep water circulation and ventilation rate deduced from the ^{3}He and ^{14}C tracer fields. *J. Mar. Sys.*, 48, 37-50.
宮崎正勝(1997)『鄭和の南海大遠征』中公新書
Monin, A.S. *et al.* (1982) : Red Sea submersible research expedition. *Deep-Sea Res.*, 29 (3A) , 361-373.
森本哲郎・片倉もとこ・NHK取材班(1988)『NHK海のシルクロード2：ハッピーアラビア／帆走、シンドバッドの船』日本放送出版協会
森岡ゆかり(2015)『文豪の漢文旅日記』新典社
村川堅太郎(訳注)(1993)『エリュトゥラー海案内記』中公文庫
長澤和俊(1989)『海のシルクロード史』中公新書
折橋裕二、長尾敬介、Ashraf Al-Jailani (1998) アファー・マントルプルームの拡散速度、『月刊地球』、20, 713-720.
折橋裕二、原口悟、石井輝秋、玉木賢策、Al-Khirbash, S. (2003) アデン湾、東経46°近傍のEタイプ中央海嶺玄武岩類の成因、『地学雑誌』、112 (5) , 732-749.
Rasul, N.M.A. and Stewart, I.C.F. (eds.)(2015) : "The Red Sea : The Formation, Morphology, Oceanography and Environment of a Young Ocean Basin", Springer.
Shinjo, R., Meshesha, D., Orihashi, Y., Haraguchi, S., Tamaki, K. (2015) : Sr-Nd-Pb-Hf isotopic constraints on the diversity of magma sources beneath the Aden Ridge (central Gulf of Aden) and plume-ridge interaction. *J. Mineral. Petrolog. Sci.*, 110, 97-110.
Tamaki, K., Fujimoto, H. *et al.* (2001) : "Aden New Century Cruise, Onboard Cruise Report", Ocean Research Institute, the University of Tokyo.
和辻哲郎(1979)『風土』岩波文庫

業資源の現況：14 キハダ　インド洋』水産庁水産研究・教育機構(http：//kokushi.fra.go.jp/H30/H30_14.pdf)
Murty, A.V.S. (1987)：Characteristics of neritic waters along the west coast of Indian with respect to upwelling, dissolved oxygen & zooplankton biomass. *Indian J. Mar. Res.*, 16, 129-131.
永田豊(1981)『海流の物理』講談社ブルーバックス
尾本惠市・濱下武志・村井吉敬・家島彦一(2000)『海のアジア2：モンスーン文化圏』岩波書店
The Open Univ. (2001)："Ocean Circulation (2nd Ed.)", Butterworth-Heinemann.
ピネ、ポール・R.（東大海洋研監訳）(2010)『海洋学(原著第4版)』東海大学出版会
Saji, N.H., Goswami, B.N., Vinayachandran, P.N., Yamagata, T. (1999) : A dipole mode in the tropical Indian Ocean. *Nature*, 401, 360-363.
ソマリア沖・アデン湾における海賊対処に関する関係省庁連絡会(2019)『2018年　海賊対処レポート』
竹田いさみ(2013)『世界を動かす海賊』ちくま新書
Tomczak, M. & Godfrey, J.S. (1994):"Regional Oceanography", Pergamon Press.
宇田道隆(1978)『海洋研究発達史』東海大学出版会
和達清夫(監修)(1987)『海洋大事典』東京堂出版
山形俊男、サジ・ハミード(2000)インド洋にもエルニーニョ?、『パリティ』、15（5）, 36-38.

【第4章】

Clemens, S.C., Kuhnt, W., LeVay, L.J., and the Expedition 353 Scientists (2016)：Indian Monsoon Rainfall. *Proceedings of the International Ocean Discovery Program*, 353：College Station, TX（International Ocean Discovery Program）.
蒲生俊敬(2018)『太平洋　その深層で起こっていること』講談社ブルーバックス
蒲生俊敬・窪川かおる(2021)『なぞとき　深海1万メートル』講談社
広瀬公巳(2007)『海神襲来』草思社
石弘之(2012)『歴史を変えた火山噴火』刀水書房
国立天文台編(2019)『理科年表2020』丸善出版
Lavigne, F. *et al.* (2013)：Source of the Great A.D. 1257 mystery eruption unveiled, Samalas volcano, Rinjani volcanic complex, Indonesia. *Proceedings of the National Academy of Science of the United States of America*, 110, 16742-16747.
町田洋・新井房夫(2003)『新編火山灰アトラス』東京大学出版会
Oppenheimer, C. (2003)：Ice core and palaeoclimatic evidence for the timing and nature of the Great Mid-13th century volcanic eruption. *International Journal of Climatology*, 23, 417-426.
高橋正樹(2008)『破局噴火』祥伝社新書
上田誠也(1989)『プレート・テクトニクス』岩波書店
ウィンチェスター、サイモン(柴田裕之訳)(2004)『クラカトアの大噴火』早川書房

【第5章】

荒井修亮(2020)ジュゴン、ウミガメ、オオナマズを追いかける〜動物目線での海洋生物の行動観察〜、『NU7』、No.28（学士会）
フリッケ、H.（1997）シーラカンス新たなる発見、『ニュートン』、1997年7月号
藤倉克則・木村純一(編著)(2019)『深海——極限の世界』講談社ブルーバックス
Hashimoto, J., Ohta, S., Gamo, T., Chiba, H., Yamaguchi, T., Tsuchida, S., Okudaira, T., Watabe, H., Yamanaka, T., Kitazawa, M. (2001)：First hydrothermal vent communities from the Indian Ocean discovered. *Zool. Sci.*, 18, 717-721
市川光太郎・縄田浩志(編)(2014)『アラブのなりわい生態系7：ジュゴン』臨川書店
Inoue, J.G. *et al.* (2005)：The mitochondrial genome of Indonesian coelacanth *Latimeria menadoensis* (Sarcopterygii：Coelacanthiformes) and divergence time estimation between the two coelacanths. *Gene*, 349, 227-235.
川口慎介(2019)磁石にくっつく貝?　深海研究の鍵を握る「奇妙な生物」が絶滅危機！（ブルーバックス／現代ビジネス、https://gendai.

参考文献

【第１章】

Broecker, W.S. (1991)：The Great Ocean Conveyor. *Oceanography*, 4, 79-89.

Dietz, R.S & Holden, J.C. (1970)：The Breakup of Pangaea. *Sci. Am.*, 223, Issue 4.

藤岡換太郎(2012)『山はどうしてできるのか』講談社ブルーバックス

蒲生俊敬(2018)『太平洋　その深層で起こっていること』講談社ブルーバックス

国立天文台編(2019)『理科年表2020』丸善

Lutgens, F.K. & Tarbuck, E.J. (1995)："Essentials of Geology", Prentice Hall.

峯陽一(2019)『2100年の世界地図　アフラシアの時代』岩波新書

Montgomery, R.B. (1958)：Water characteristics of Atlantic Ocean and world ocean. *Deep-Sea Res.*, 5, 134-138.

Royer, J-Y. & Sandwell, D.T. (1989)：Evolution of the Eastern Indian Ocean Since the Late Cretaceous：Constraints from Geosat Altimetry. *J. Geophys. Res.*,94 (B10), 13755-13782.

Royer, J-Y. *et al.* (1991)：Tectonic Constraints on the Hot-spot Formation of Ninetyeast Ridge. *Proc. ODP Sci. Results*, 121, 763-776.

シュー、ケネス・J. (高柳洋吉訳)(1999)『地球科学に革命を起こした船―― グローマー・チャレンジャー号』東海大学出版会

Tomczak, M. & Godfrey, J.S.(1994)："Regional Oceanography", Pergamon Press.

宇田道隆(1955)『世界海洋探検史』河出書房

【第２章】

Fujimoto, H. *et al.* (1998)："MODE'98 Leg3 INDOYO Cruise Onboard Report", JAMSTEC.

Gamo, T., Nakayama, E., Shitashima, K., Isshiki, K., Obata, H., Okamura, K., Kanayama, S., Oomori, T., Koizumi, T., Matsumoto, S., Hasumoto, H. (1996)：Hydrothermal plumes at the Rodriguez triple junction, Indian Ridge. *Earth Planet Sci. Lett.*, 142, 261-270.

Gamo, T., Chiba, H., Yamanaka, T., Okudaira, T., Hashimoto, J., Tsuchida, S., Ishibashi, J., Kataoka, S., Tsunogai, U., Okamura, K., Sano, Y., Shinjo, R. (2001)：Chemical characteristics of newly discovered black smoker fluids and associated hydrothermal plumes at the Rodriguez Triple Junction, Central Indian Ridge. *Earth Planet. Sci. Lett.*, 193, 371-379.

Hashimoto, J. *et al.* (2000)："Onboard Report of the KR00-05 Indian Ocean Cruise", JAMSTEC.

今泉忠明(2002)『絶滅動物データファイル』祥伝社黄金文庫

石田貞夫(2010)『愛する海』岩波書店

川端裕人(2020a)ドードーはどこへ行った?（上）――郷土史家、自然愛好家の協力求む、『図書』、11月号(863号)、2-7（岩波書店）.

川端裕人(2020b)ドードーはどこへ行った?（下）――飛べない鳥に魅せられた人びと、『図書』、12月号(864号)、7-12（岩波書店）.

白山義久・赤坂憲雄編(2015)『海の底深くを探る』玉川大学出版部

Tamaki, K. & Fujimoto, H. (1995)："Preliminary Cruise Report of the R/V Hakuho-maru KH93-3 Research Cruise", Ocean Research Institute, University of Tokyo.

【第３章】

Doi, T., Behera, S. K., Yamagata, T. (2020)：Predictability of the super IOD event in 2019 and its link with El Niño Modoki. *Geophys. Res. Lett.*, 47, e2019GL086713.

Doi, T., Behera, S. K., Yamagata, T. (2020)：Wintertime impacts of the 2019 super IOD on East Asia. *Geophys. Res. Lett.*, 47, e2020GL089456.

遠藤周作(1980)『作家の日記』作品社

榎本秋(2017)『世界を見た幕臣たち』洋泉社

蒲生俊敬(2016)『日本海　その深層で起こっていること』講談社ブルーバックス

保坂直紀(2003)『謎解き・海洋と大気の物理』講談社ブルーバックス

松田毅一(1977)『史譚　天正遣欧使節』講談社

松本隆之・西田勤(2019)『平成30年度国際漁

【は行】

【ま行】

【や・ら行】

【た行】

【な行】

【か行】

【さ行】

さくいん

N.D.C.452　238p　18cm

ブルーバックス　B-2180

インド洋《よう》　日本《にっぽん》の気候《きこう》を支配《しはい》する謎《なぞ》の大海《たいかい》

2021年 8 月20日　第 1 刷発行

著者　蒲生俊敬《がもうとしたか》

発行者　鈴木章一

発行所　株式会社講談社

〒112-8001　東京都文京区音羽2-12-21

電話　出版　03-5395-3524

販売　03-5395-4415

業務　03-5395-3615

印刷所　（本文印刷）株式会社新藤慶昌堂

（カバー表紙印刷）信毎書籍印刷株式会社

本文データ制作　ブルーバックス

製本所　株式会社国宝社

定価はカバーに表示してあります。

©蒲生俊敬　2021，Printed in Japan

落丁本・乱丁本は購入書店名を明記のうえ、小社業務宛にお送りください。送料小社負担にてお取替えします。なお、この本についてのお問い合わせは、ブルーバックス宛にお願いいたします。

本書のコピー、スキャン、デジタル化等の無断複製は著作権法上での例外を除き禁じられています。本書を代行業者等の第三者に依頼してスキャンやデジタル化することは、たとえ個人や家庭内の利用でも著作権法違反です。

Ⓡ〈日本複製権センター委託出版物〉複写を希望される場合は、日本複製権センター（電話03-6809-1281）にご連絡ください。

ISBN978－4－06－524696－2

発刊のことば

科学をあなたのポケットに

二十世紀最大の特色は、それが科学時代であるということです。科学は日に日に進歩を続け、止まるところを知りません。ひと昔前の夢物語もどんどん現実化しており、今やわれわれの生活のすべてが、科学によってゆり動かされているといっても過言ではないでしょう。

そのような背景を考えれば、学者や学生はもちろん、産業人も、セールスマンも、ジャーナリストも、家庭の主婦も、みんなが科学を知らなければ、時代の流れに逆らうことになるでしょう。

ブルーバックス発刊の意義と必然性はそこにあります。このシリーズは、読む人に科学的に物を考える習慣と、科学的に物を見る目を養っていただくことを最大の目標にしています。そのためには、単に原理や法則の解説に終始するのではなくて、政治や経済など、社会科学や人文科学にも関連させて、広い視野から問題を追究していきます。科学はむずかしいという先入観を改める表現と構成、それも類書にないブルーバックスの特色であると信じます。

一九六三年九月

野間省一